AF590767

Série A, n° 41.
N° d'ordre
436

THÈSES

PRÉSENTÉES

A LA FACULTÉ DES SCIENCES DE PARIS

POUR OBTENIR

LE GRADE DE DOCTEUR ÈS SCIENCES NATURELLES

PAR

LOUIS OLIVIER

1re THÈSE. — Recherches sur l'appareil tégumentaire des racines

2e THÈSE. — Propositions données par la Faculté.

Soutenues le 25 février devant la commission d'examen

MM. HÉBERT, *Président.*
DUCHARTRE, } *Examinateurs.*
VAN TIEGHEM. }

PARIS

G. MASSON, ÉDITEUR

LIBRAIRE DE L'ACADÉMIE DE MÉDECINE

Boulevard Saint Germain, en face de l'École de médecine

1880

ACADÉMIE DE PARIS

FACULTÉ DES SCIENCES DE PARIS

Doyen	MILNE EDWARDS, Professeur.	Zoologie, Anatomie, Physiol. comparée.
Professeurs honoraires.	DUMAS.	
	PASTEUR.	
Professeurs	N.	Géométrie supérieure
	P. DESAINS.	Physique.
	LIOUVILLE.	Mécaniq. rationnelle.
	PUISEUX.	Astronomie.
	HÉBERT.	Géologie.
	DUCHARTRE.	Botanique.
	JAMIN.	Physique.
	SERRET.	Calcul différentiel et intégral.
	H. SAINTE-CLAIRE DEVILLE.	Chimie.
	DE LACAZE-DUTHIERS. . . .	Zoologie, Anatomie. Physiol. comparée.
	BERT.	Physiologie.
	HERMITE.	Algèbre supérieure.
	BRIOT.	Calcul des probabilités, Physiq. math.
	BOUQUET.	Mécanique physique et expérimentale.
	TROOST.	Chimie.
	WURTZ.	Chimie organique.
	FRIEDEL.	Minéralogie.
	OSSIAN BONNET.	Astronomie.
Agrégés	BERTRAND.	Sciences mathémat.
	J. VIEILLE.	*Id.*
	PELIGOT.	Sciences physiques.
Secrétaire	PHILIPPON.	

PARIS. — IMPRIMERIE EMILE MARTINET, RUE MIGNON, 2

A

M. PH. VAN TIEGHEM

MEMBRE DE L'INSTITUT

Hommage de la vive gratitude et de la respectueuse affection de son élève

Louis OLIVIER.

RECHERCHES

SUR

L'APPAREIL TÉGUMENTAIRE DES RACINES

Par Louis OLIVIER.

L'appareil tégumentaire des racines comprend l'ensemble des tissus extérieurs au système vasculaire, c'est-à-dire qu'il se compose de l'assise pilifère externe, du parenchyme sous-jacent, de la membrane périphérique du cylindre central et des tissus secondaires qui dérivent de ces éléments (1).

Je me propose d'exposer dans ce mémoire les recherches que j'ai entreprises sur la structure et le mode de développement de cet appareil; mais, avant d'indiquer les résultats de mes travaux personnels, je dois rappeler ceux auxquels sont parvenus les savants qui se sont occupés du même sujet avant moi.

HISTORIQUE

Le système tégumentaire de la racine a rarement été l'objet de recherches spéciales.

On l'étudia cependant dès que le microscope fut appliqué à l'examen des végétaux : ainsi, en 1810, Mirbel (2) décrivit dans la racine du *Nymphæa lutea* une écorce comparable à celle des tiges (3). Néanmoins, la distinction nette du cylindre cen-

(1) On désigne souvent sous le nom d'Écorce l'ensemble des tissus extérieurs aux faisceaux vasculaires; on consacre ainsi une confusion fâcheuse entre les éléments extérieurs au cylindre central et ceux qui, chez un grand nombre d'espèces végétales, dérivent de la première assise de ce cylindre. L'endoderme constituant l'assise interne de l'écorce, je ne qualifierai de corticales que cette membrane et les assises, primaires ou secondaires qui la recouvrent.

(2) Examen de la division des Végétaux en endorhizes et exorhizes. *Comptes rendus*, 8 octobre 1810, *Ann. du Muséum*, t. XVI, p. 145, pl. 5.

(3) M Trécul, reprenant, en 1845, l'étude du *Nuphar luteum*, montra que cette plante présente dans l'organisation de sa racine et de sa tige une frappante analogie avec les Monocotylédones. — Trécul, *Ann. sc. nat.*, 3e série, t. IV. Je reviendrai plus loin sur les faits de ce genre.

tral et du système tégumentaire ne fut faite qu'en 1831, par Hugo von Mohl (1), sur la racine d'un Palmier, le *Diplothemium maritimum*.

Dès lors, les auteurs qui traitèrent de la racine (Mirbel, Mohl, Hartig, Schleiden, Trécul, Unger) firent porter leurs observations presque exclusivement sur les formations vasculaires du cylindre central; aussi faut-il arriver jusqu'en 1866, époque à laquelle M. Ph. Van Tieghem, fit paraître son mémoire sur la structure des Aroïdées (2), pour trouver la première anatomie détaillée de l'écorce chez quelques Monocotylédones. L'auteur y décrit une assise externe pilifère absolument semblable à l'épiderme de la tige, un parenchyme sous-jacent, susceptible de renfermer, suivant les espèces, des faisceaux fibreux, des canaux oléo-résineux, des cellules à gomme et du liège vers sa partie périphérique.

D'autre part, M. Nœgeli avait montré dès 1858, que la structure primaire des racines des Dicotylédones est comparable à la structure permanente des racines des Monocotylédones et que, dans les cas où les parties âgées présentent une organisation différente, cette dissemblance est le résultat d'un développement secondaire propre aux Dicotylédones (3).

Il y avait donc lieu de rechercher la loi de ce développement. C'est ce que fit M. Ph. Van Tieghem, en 1870, dans son *Mémoire sur la Racine* (4). L'auteur avait pour but principal d'examiner d'une façon comparative le mode de formation du système vasculaire des racines chez les Cryptogames et les divers groupes de Phanérogames; il a pourtant maintes fois indiqué la composition de l'appareil tégumentaire chez les espèces dont il avait à décrire les formations vasculaires.

Enfin M. Ch. Flahault fit paraître en 1878 ses « recherches sur l'accroissement terminal de la racine chez les Phanéroga-

(1) Hugo von Mohl, *De Palmarum structura*, pl. 18.

(2) *Ann. sc. nat.*, 5e série, t. VI, 1866.

(3) Nœgeli. Sur l'accroissement de la tige et de la racine dans les plantes vasculaires (*Beiträge zur wissensch. Bot.*, Heft., I, 1858).

(4) *Ann. sc. nat.*, 5e série, t. XIII, 1870.

mes » (1). Il montre dans cette étude que la coiffe et l'épiderme de la racine se développent différemment chez les Monocotylédones et les Dicotylédones ; il donne de la coiffe des principaux représentants de ces deux embranchements une description à la fois si détaillée et si précise, que je n'aurai que peu de chose à y ajouter. Il a fait aussi sur la valeur morphologique de l'épiderme de la racine bien des observations intéressantes, et, plusieurs étant restées inédites, il a bien voulu me les communiquer. Je les exposerai, en rappelant qu'elles lui sont dues, lorsque je ferai connaître, au début même de ce mémoire, mes recherches personnelles sur la même assise (2).

Grâce à cet ensemble de travaux, la science possède aujourd'hui sur le tégument des racines des connaissances que l'on peut résumer ainsi :

A l'état primaire, la racine de toute plante vasculaire présente sur une coupe transversale et de dehors en dedans :

1° Une assise externe considérée comme un épiderme et presque toujours pourvue de longs poils absorbants ;

2° Un parenchyme cortical, offrant ordinairement deux zones bien distinctes : l'externe, dont le développement est centrifuge; l'interne, dont le développement est centripète.

L'assise interne du parenchyme cortical, appelée *Membrane Protectrice* ou *Endoderme*, est caractérisée par les plissements des parois radiales de ses cellules, parois qui s'engrènent ainsi deux à deux l'une dans l'autre, comme l'ont montré M. Caspary (3) et M. Nicolaï (4).

On considère le rôle de cette membrane comme exclusivement protecteur (5), excepté chez les Cryptogames vasculaires.

(1) *Ann. sc. nat.*, 6e série, t. VI, 1878. Plusieurs auteurs, parmi lesquels il faut citer MM. Jancewski, Treub et Eriksson, se sont occupés de ce sujet avant M. Flahault (voy. 1re partie, sect. I, chap. I, § 1).

(2) Voy. 1re partie, sect. I, chap. I, § 1.

(3) Caspary, les Hydrillées, *Ann. sc. nat.*, 4e série, 1858, t. IX, p. 360.

(4) Caspary, Bemerkungen über die Schutzscheide (*Pringsheim's Jahrbücher*, 1866, t. IV, p. 101).

(5) Voyez plus loin, 2e partie, 3e sect., chap. II, § 1.

M. Pfitzer a fait voir que chez les Equisétacées elle constitue l'avant-dernière assise de l'écorce.

3° Un cylindre central commençant le plus souvent par une assise périphérique dont les éléments sont opposés à ceux de la dernière assise du parenchyme cortical ; chez les Phanérogames, c'est cette assise périphérique qui contient les cellules rhizogènes.

L'organisation primaire du cylindre central est permanente chez les Cryptogames Vasculaires et la plupart des Monocotylédones (1) ; elle est généralement transitoire chez les Dicotylédones.

M. Van Tieghem a reconnu que, chez un grand nombre de ces dernières plantes, le développement des vaisseaux secondaires entraîne l'exfoliation de l'écorce primaire. Dans bien des cas, il a vu la membrane périphérique du cylindre central organiser du parenchyme secondaire à l'intérieur et des cellules subéreuses à l'extérieur.

Plusieurs fois aussi le même auteur a signalé la présence de cellules subéreuses à la surface du parenchyme cortical primaire ; mais il n'étudia pas le liège des racines, qui ne rentrait pas dans le cadre de ses recherches.

Le seul travail qui ait paru sur ce sujet est une courte note de M. Jörgensen (2), publiée au moment où j'avais déjà rassemblé bon nombre d'observations personnelles relatives à la même question; avant de continuer à les étendre, j'ai donc pu les confronter avec celles du savant danois. J'ai été heureux de constater chez les quelques espèces examinées par M. Jörgensen les faits qu'il y signale. Mais je ne saurais adopter les conclusions qu'il en induit pour la généralité des plantes (3).

M. Jörgensen a remarqué que « les cellules subéreuses de

(1) Je dis « la plupart », parce que, comme on le sait, il y a une période secondaire dans la racine de l'Aletris Fragrans et de plusieurs Dracæna.

(2) Alfred Jörgensen. Formation de couches subéreuses dans la racine ; *Særtryk af Bot. Tidsskrift*, 3 række, 3 bind, Copenhague, 1879.

(3) On verra, par exemple, dans ce mémoire, quelles réserves il convient d'apporter à cette assertion que le sens du développement du liége est le plus souvent centripète intermédiaire.

la racine ressemblent en général à celles de la tige; il n'est point rare, ajoute-t-il, qu'elles soient plus grandes». C'est en effet ce que j'ai reconnu chez les Angiospermes; il m'est même arrivé de trouver les cellules subéreuses de la racine jusqu'à six fois plus volumineuses que celles de la tige (1).

L'auteur dit aussi que, « dans la plupart des cas, les faisceaux libériens primaires de la racine, même s'ils sont fortement développés, se compriment pendant la formation du tissu subéreux et finissent par être complètement résorbés ». C'est là un fait dont je n'ai reconnu la fréquence que chez les Gymnospermes et les Dicotylédones, mais qui, même chez les Dicotylédones, est loin d'être général.

Quant aux initiales du liège dans le cas où ce tissu procède de la membrane périphérique du cylindre central, j'examinerai, en m'appuyant sur un grand nombre de faits recueillis par moi, l'opinion de M. Jörgensen, d'après laquelle le suber dériverait des cellules de l'assise périphérique situées en regard des faisceaux libériens primaires.

Enfin il est, relativement au liège des racines, plusieurs questions importantes dont cet auteur ne s'est pas occupé; c'est ainsi qu'il a négligé d'étudier le *degré de précocité du liège*, le *niveau* de la racine où il se forme, et les *différences* qu'il présente sous ce rapport et au point de vue *anatomique* également, *suivant les espèces, le diamètre du membre et les variations du milieu physique.*

Je me suis efforcé de combler ces lacunes en recourant à la fois à l'observation et à l'expérience.

Mes recherches comprenant, d'une part les tissus primaires (membrane pilifère, assise sous-jacente, zones parenchymateuses, endoderme, assise périphérique du cylindre central, éléments isolés dans ces assises), et d'autre part les formations secondaires du tégument radical, j'exposerai d'abord la constitution anatomique des éléments primaires, la situation relative et les connexions morphologiques des tissus qu'ils

(1) Ce fait n'est cependant pas général. Chez les Quercus Suber, les cellules du liège sont plus grandes dans la tige que dans la racine.

composent; je décrirai aussi les variations qu'ils présentent suivant le genre de vie des racines, indépendamment des groupes taxonomiques auxquels elles appartiennent. Puis, après avoir indiqué de quelles assises primaires peuvent dériver les formations secondaires de l'appareil tégumentaire, j'étudierai l'évolution de cet appareil, en la suivant dans la série des plantes, parce qu'elle y est corrélative du mode de développement du système vasculaire. Cette méthode me permettra de déterminer l'origine des tissus secondaires, leurs caractères différentiels et ceux des tissus primaires, non seulement selon les groupes naturels, mais aussi dans chaque groupe selon la durée de la racine, les dimensions qu'elle peut atteindre et le milieu où elle vit. La comparaison du système tégumentaire de la racine à celui de la tige sera ainsi rendue possible. Enfin j'ajouterai aux observations recueillies au cours de ce travail quelques expériences destinées à les éclairer.

En conséquence, ce mémoire se divise de la façon suivante :

Aux dessins qui accompagnent ce mémoire, j'ai joint les photographies considérablement agrandies de 50 préparations microscopiques. Cette nouveauté me paraît désormais destinée à rendre de grands services. Un dessin peut être fantaisiste. La photographie est toujours vraie. En outre, les glaces employées pour tirer les clichés négatifs sont sensibles à une plus grande étendue du spectre que ne l'est notre œil. Il en résulte que des stries, des membranes, que nous ne pouvons pas voir même avec les meilleurs microscopes, apparaissent nettement sur le collodion ou la gélatine. La photographie peut donc être avantageusement appliquée non seulement à la représentation des objets microscopiques, mais aussi aux recherches scientifiques elles-mêmes : elle constitue en quelque sorte une méthode d'investigation. Voilà pourquoi j'ai tenu à l'introduire dans ce travail. Assurément, à qui n'a pas expérimenté les procédés microphotographiques mes épreuves paraîtront bien mauvaises; je crois cependant que ceux qui connaissent les difficultés de l'entreprise jugeront d'une façon moins défavorable l'imperfection de mon travail et verront dans cet essai un progrès sur ce qui jusqu'alors a été tenté dans ce sens.

J'ai obtenu en effet un agrandissement de 200 à 350 diamètres, sans sacrifier ni l'étendue du champ, ni la finesse des détails, ni la netteté des contours.

Je décris l'appareil dont je me suis servi et la façon dont j'ai opéré, dans un *Appendice* que le lecteur pourra consulter à la fin de ce mémoire.

PREMIÈRE PARTIE.

ÉTUDE DES ÉLÉMENTS DE L'APPAREIL TÉGUMENTAIRE

L'*appareil tégumentaire* des racines comprend des éléments d'origine primaire et souvent aussi des formations d'ordre secondaire.

PREMIÈRE SECTION : ÉLÉMENTS PRIMAIRES.

A l'état primaire, le tégument radical se compose d'une écorce et le plus souvent d'une membrane périphérique du cylindre central.

Je vais étudier ces tissus suivant l'ordre que j'ai ci-dessus indiqué.

CHAPITRE Ier : ASSISE PILIFÈRE.

§ 1. *Valeur morphologique de l'assise pilifère; ses rapports avec la coiffe.*

La racine est généralement protégée à l'extérieur par une *coiffe*, une assise périphérique *pilifère*, dite *épidermique*, et quelquefois une *gaine radiculaire*.

Chez les Cryptogames vasculaires, la coiffe, l'épiderme et même le corps de la racine tirent leur origine d'un méristème formé aux dépens d'une *cellule terminale unique*. La forme de cette cellule est celle d'une pyramide triangulaire à base sphérique. En se divisant par des cloisons parallèles à ses faces latérales, elle donne naissance à l'épiderme et au corps de la racine, et en cela l'extrémité de ce membre est comparable à l'extrémité de la tige; mais dans la racine le cloisonnement parallèle à la base convexe de la cellule pyramidale a pour résultat la formation d'une coiffe; c'est là un caractère absolument distinctif.

Les Phanérogames présentent un développement différent.

Lorsqu'on examine une coupe longitudinale radiale d'un embryon mono ou dicotylédoné, on voit que *l'épiderme de la tigelle s'étend sur toute la périphérie du système radiculaire.*

Au moment de la germination, la tigelle s'allonge et conserve son épiderme primitif en le continuant vers son sommet à mesure qu'elle s'accroît. L'épiderme de la tige, avant toute exfoliation, correspond donc bien à l'épiderme de la tigelle.

Il n'en est généralement pas ainsi de l'assise périphérique de la racine, qu'on appelle ordinairement l'*épiderme*. L'accroissement de la radicule a en effet pour premier résultat de rompre les relations de la coiffe et de la tigelle. Complètement détachée de cette dernière, la coiffe s'en éloigne alors continuellement et ne protège plus que le sommet de la racine.

L'assise de la racine, située immédiatement au-dessous de la coiffe se trouve alors complètement découverte, sauf à son extrémité végétative. Cette assise, devenant pilifère, est généralement tenue pour un épiderme et désignée sous ce nom ; mais on voit que ce serait se tromper gravement sur son origine et ses connexions anatomiques que de la considérer dans tous les cas comme un véritable épiderme représentant l'assise périphérique de la tige.

Il est donc important de déterminer de quels éléments primitifs dérivent, chez les Phanérogames, la coiffe et l'épiderme de la racine, et de rechercher si la loi de leur formation est absolument générale, ou variable suivant les espèces, les genres et les familles.

Cette question a suscité dans ces derniers temps des travaux d'un grand intérêt, parmi lesquels il faut citer ceux de MM Jancewski (1), Hegelmaier (2), L. Koch (3), Treub (4), Eriksson (5).

Ces auteurs s'étaient proposé pour but l'étude des différen-

(1) Recherches sur le développement des radicelles dans les Phanérogames, *ann. sc. nat.* 5e série t. XX.

(2) *Zur Entwicklung monocotyl keime*, etc.; l'auteur étudie le développement du sommet de la racine.

(3) Unterschungen über die Entwicklung des Cuscuten, *Bot Abhande* Bonn 1874.

(4) *Le méristème primitif de la racine dans les Monocotylédones*, Leyde, 1876,

(5) *Bot. Zeit*, 1876, n° 41 (13 octobre), et Ueber das Urmeristem der Dicotylen wurzeln. *Jahrbücher für Wissensch, Bot.*, Leipzig, 1878.

ciations du sommet végétatif de la racine chez les Phanérogames. Les premières recherches furent entreprises dans la pensée de vérifier cette hypothèse que tous les éléments de la racine procèdent d'un méristème terminal. Mais plus le nombre des plantes étudiées s'éleva, plus on s'aperçut de la diversité de leur accroissement. En 1876, les derniers auteurs que j'ai cités, MM. Treub et Eriksson, ajoutant aux résultats acquis par leurs devanciers ceux de leurs recherches personnelles, ne rattachaient pas à moins de sept types de structure bien distincts le sommet de la racine chez les Phanérogames.

Encore faut-il ajouter que M. Eriksson avait constaté des variations jusque dans la même espèce, suivant l'âge de la plante. Il était donc nécessaire de reprendre les investigations de MM. Treub et Eriksson, et de les poursuivre non plus seulement dans la racine développée, mais surtout dans la radicule embryonnaire elle-même, sa structure étant plus simple que celle de la racine, parce qu'elle est soumise à des conditions de milieu plus uniformes. C'est ce que M. *Ch. Flahault* fit en 1878 (*Recherches sur l'accroissement terminal de la racine chez les Phanérogames* (1).

L'examen des embryons de près de 350 espèces de Phanér games, au moment de la maturité de la graine, lui a permis de reconnaître que l'accroissement terminal de la racine se rattache à deux types de structure qui caractérisent chacun les Monocotylédones et les Dicotylédones.

Dans l'un et l'autre de ces deux embranchements, « les initiales des tissus primaires peuvent être spécialisées au sommet de la racine ou ne l'être pas ».

Chez les Monocotylédones, l'épiderme est ordinairement constitué par les initiales de l'écorce; une fois formé, il ne donne jamais naissance à la coiffe; celle-ci se régénère par l'activité de sa couche interne. — Au contraire, chez les Dicotylédones, l'épiderme est presque toujours indépendant de

(1) *Ann. sc. nat.*, 6ᵉ série, t. VI

l'écorce ; c'est aux dépens des assises de l'écorce ou de l'épiderme que la coiffe se régénère continuellement (1).

En étudiant l'accroissement terminal de la racine, M. Flahault a eu plusieurs fois l'occasion de signaler à quelles assises cellulaires de la tige correspondent la coiffe et l'épiderme de la racine. J'emprunte aux documents inédits qu'il a bien voulu mettre à ma disposition les indications suivantes :

Les figures, 1-7 et 10, que je dois à son obligeance, montrent quelle diversité d'origine présentent l'épiderme et la coiffe de la racine suivant le groupe naturel auquel elle appartient, ou même suivant l'espèce. Sous ce rapport, l'étude des Nyctaginées et des Palmiers est particulièrement instructive.

Chez les Nyctaginées, le genre *Mirabilis* offre, quant à l'origine des tissus de la racine, des caractères communs à toutes les espèces dont il se compose, tandis que celles-ci se distinguent l'une de l'autre par des caractères de moindre importance. Lorsqu'on fait une coupe radiale d'un embryon de *Mirabilis longiflora* L. (fig. 7), on voit que l'épiderme de la tigelle constitue au-dessus de la coiffe une sorte de gaine radiculaire ; l'épiderme de la racine et l'assise la plus extérieure de la coiffe correspondent à la première assise sous-épidermique de la tigelle.

Il en est de même du *Mirabilis Wrightiana*.

L'embryon du *Mirabilis jalapa* offre une structure semblable, mais avec quelques modifications secondaires (fig. 1 et 2). Sur une coupe tranversale de l'extrémité radiculaire, on voit les zones concentriques suivantes :

I. { 1 Assise épidermique.
2 Couche à méats.
3 Coiffe.

II. { 1 Assise pilifère de la racine.
2 Parenchyme cortical de la racine.
3 Cylindre central.

(1) Ch. Flahault, *ibidem*.

Une coupe transversale faite au point de passage de la radicule à la tigelle présente :

I. { 1 Assise épidermique.
2 Couche à méats (petites cellules).

II. { 1 Épiderme de la tige.
2 Tissu cortical.
3 Cylindre central.

A un niveau supérieur de la tigelle on ne trouve plus que :

II. { 1 Épiderme.
2 Tissu cortical.
3 Cylindre central.

L'épiderme de la tige est l'assise externe de son tissu cortical. C'est lui qui se continue au-dessus de la couche à méats jusqu'à l'extrémité de l'axe, ainsi que l'attestent les coupes longitudinales-radiales. Quant aux connexions de la couche à méats, qui constitue au-dessus de la coiffe une couche protectrice, il est difficile de les bien préciser, ainsi que celles de la coiffe elle-même et de l'épiderme de la racine, parce que : 1° la limite anatomique entre la tigelle et la radicule n'est pas encore bien nette dans l'embryon, la différenciation des faisceaux ne s'y établissant que plus tard ; 2° le passage du système tégumentaire de la racine à celui de la tige ne s'y fait pas brusquement.

Dans le genre *Bougainvillea*, très voisin des *Mirabilis*, les rapports des tissus du sommet végétatif sont naturellement différents. Dans le *Bougainvillea spectabilis* (fig. 5) *l'épiderme de la racine et l'assise extérieure de la coiffe dérivent tous deux de l'épiderme de la tigelle.* L'assise extérieure de la coiffe, une fois formée, ne se dédouble pas ; elle recouvre ainsi toute la partie interne de la coiffe comme un épiderme.

Il importe de remarquer que l'épiderme radiculaire, bien qu'issu de l'épiderme de la tigelle, n'en procède que par voie de division ; il ne représente donc pas la *totalité* de l'assise épidermique de la tige.

Chez une autre Nyctagynée, l'*Oxybaphus viscosus* Lamk, l'épiderme radiculaire semble se continuer avec l'épiderme de la tigelle; mais, comme le montre la figure 6, il est difficile d'établir si c'est l'épiderme qui se dédouble en *e* pour former l'assise épidermique de la radicule et une assise externe contribuant à former la coiffe, ou si c'est l'assise sous-épidermique qui se dédouble en *a*.

Dans la famille des Palmiers, M. Flahault a étudié spécialement le *Phœnix dactylifera* (1). Il a dessiné la coupe longitudinale de l'embryon avant la germination et m'a communiqué la figure 10, qui représente la coupe axiale de l'extrémité de la racine après plusieurs semaines de germination. L'inspection de ces dessins montre que l'épiderme de la tigelle s'étend sur toute l'extrémité radiculaire, sur l'embryon tout entier, sans subir aucune division tangentielle. Dans la graine mûre, la coiffe et l'épiderme de la radicule ne sont pas encore différenciés. Ce n'est qu'après l'exfoliation de l'enveloppe épidermique commune et de quelques couches protectrices sous-jacentes, que la racine, ayant atteint environ 5 millimètres, présente un commencement de spécialisation de son sytème cortical : l'assise externe du parenchyme cortical se distingue alors comme épiderme, établissant ainsi une démarcation entre la coiffe et le tissu cortical sous-jacent. La coiffe comprend tout le tissu situé à l'extérieur de cet épiderme, et par conséquent la totalité de la gaine radiculaire. C'est donc à la tigelle qu'elle se rattache.

Chez d'autres Monocotylédones, par exemple chez le *Canna indica* (fig. 3 et 4), l'épiderme de la tigelle recouvre l'axe tout entier ; mais la gaine radiculaire forme un ensemble homogène avec la coiffe, qui n'en est qu'une dépendance. Cette coiffe est mise à nu dès le début de la germination, par l'exfoliation de la périphérie de la gaine radiculaire vers le sommet.

Dans les Commélynées, *C. tuberosa*, la radicule étant très courte, son épiderme perd ses caractères à peu de distance du

(1) Voyez plus loin, chap. II, 2e partie, 2e sect., chap. I et chap. II, § 2.

sommet ; il correspond à l'une des assises corticales sous-épidermiques de la tigelle. Les plus externes de ces assises, se prolongeant au-dessus de l'épiderme de la radicule, lui constituent une gaine protectrice que la racine déchire vers son sommet lors de la germination.

C'est chez les Graminées que la gaine radiculaire acquiert d'ordinaire le plus grand développement. Au moment où la radicule s'allonge, elle est déchirée en deux portions : l'une (coléorhize) demeure à la base, et l'autre (coiffe) au sommet de la racine.

Ce rapide examen de la formation de la coiffe et de l'épiderme suffit à montrer que ces tissus protecteurs ont des connexions particulières et sont en rapport avec des assises diverses de la tige.

Il ressort aussi de cette étude que l'assise externe normale de la racine développée doit être soigneusement distinguée du véritable épiderme. Pour éviter toute confusion à l'avenir, je la désignerai sous le nom d'*assise pilifère*, qui a l'avantage de ne rien préjuger de sa valeur morphologique : il rappelle un caractère qui, s'il n'est absolument constant (1), ne laisse pas du moins d'être extrêmement important pour la vie de la plante.

La coiffe qui recouvre l'assise pilifère naissante se développe très différemment, suivant le genre de vie du végétal. Elle est généralement peu développée sur les racines terrestres. Mais lorsque les racines sont aquatiques, elle acquiert de grandes dimensions, tout en restant très mince ; tel est le cas des Pontédériacées : chez ces plantes, les bords de la coiffe entourent la racine sur une hauteur de plus de 1/2 centimètre ; au lieu d'être accolés contre l'assise pilifère, ils sont libres, la coiffe n'adhérant à la racine que par son sommet (fig. 8). Ses cellules ne constituent le plus souvent qu'une assise unique ; leur grand axe est dirigé dans le sens longitudinal ; leurs parois sont toujours minces.

(1) L'assise dite épidermique des racines est dépourvue de poils dans quelques espèces (voy. § 1 et suiv.).

Il en est à peu près de même chez les Typhacées ; il convient cependant de remarquer que chez ces plantes les bords de la coiffe, souvent longs de 1 centimètre, sont accolés contre le corps de la racine.

Tout différents sont les caractères de la coiffe, lorsque les racines sont aériennes; dans ce cas, elle est aussi très développée; mais ce qui surtout la distingue, c'est le nombre élevé des assises dont elle se compose dans le sens radial transversal (fig. 9). Ses assises externes, étant les plus âgées, meurent les premières en se subérifiant : cette modification chimique progresse dans le sens centripète, de sorte que l'extrémité de la racine et la région inférieure de l'assise pilifère sont protégées à l'extérieur par plusieurs enveloppes d'un tissu qui jouit des propriétés physiques du liège.

La figure 11 représente une coiffe de ce genre sur une racine aérienne du *Pandanus Heterophyllus*. Bien que cette coiffe s'exfolie continuellement, son épaisseur ne diminue pas, parce qu'elle se régénère par l'activité de sa couche interne.

La coiffe contient souvent des matières nutritives et des produits de désassimilation : amidon, huile, oxalate de chaux, etc. La figure 9 représente une jeune assise pilifère de *Philodendron* recouverte par une coiffe dont les cellules épaissies renferment de nombreux grains d'amidon. J'y ai rencontré aussi des raphides et des mâcles d'oxalate de chaux.

§ 2. — Multiplication de l'assise pilifère : voile.

L'assise pilifère des racines reste généralement simple chez les Dicotylédones, que l'écorce primaire soit persistante ou caduque. Il en est de même chez les Cryptogames vasculaires et presque toutes les Monocotylédones ; c'est seulement dans les familles des Orchidées, des Aroïdées, des Amaryllidées et peut-être chez quelques espèces des familles voisines que l'on observe la division tangentielle de l'assise dite épidermique.

Parmi les Amaryllidées, M. J. Sachs (1) cite les *Crinum*

(1) *Traité de bot.*, trad. franç., liv. I, chap. II, § 15, p. 110.

comme ayant leurs racines entourées d'un voile de plusieurs assises cellulaires issues de la couche pilifère. J'ai constaté la présence d'un voile analogue chez les *Imantophyllum* (*Clivia*), et j'en ai suivi la formation chez l'*Imantophyllum miniatum*, où il présente un grand développement. Cette plante a des racines exclusivement souterraines, et un plus grand nombre de racines adventives qui naissent sur la tige à une certaine distance du sol, et bientôt s'y enfoncent.

Une coupe transversale d'une racine adventive dans sa portion aérienne montre au-dessous de l'assise pilifère fortement cutinisée un anneau continu de tissu parenchymateux subérifié (fig. 15), composé de sept à huit assises de cellules sur les coupes de 5 millimètres de diamètre. Ces cellules mortes et remplies d'air jaunissent comme la cutine et le suber quand on les traite par le chloroiodure de zinc, même après les avoir fait bouillir dans l'acide nitrique. Mais, bien que ne laissant entre elles aucun méat, elles ne présentent que d'une façon irrégulière les caractères anatomiques du vrai liège. Elles sont en effet, pour la plupart, à base hexagonale, séparées d'une assise à l'autre par des cloisons tangentielles ; mais elles ne constituent pas des files radiales ou des séries circulaires complètes. Leurs membranes offrent en outre cette particularité importante qu'elles sont pourvues de nombreux épaississements spiralés (1).

A mesure que l'on se rapproche du sommet, on voit l'épaisseur du voile diminuer et le nombre de ses assises cellulaires se réduire progressivement. Au niveau de la base circulaire de la coiffe, il n'y en a plus que quatre. Il est toujours facile de les distinguer du parenchyme cortical sous-jacent, la première assise de ce tissu étant constituée par des cellules beaucoup plus grandes, très régulières, allongées dans le sens radial et conservant leur simplicité dans toute l'étendue de la racine.

En pratiquant des coupes transversales à différents niveaux à partir du sommet, on voit le nombre des assises du voile

(1) Hugo von Mohl a signalé un cas de cellules subéreuses spiralées chez le Boswellia Papyrifera, *Bot. Zeit.*, 1861, p. 229.

augmenter à partir de l'unité, par l'effet du cloisonnement tangentiel de ses cellules. Au-dessus de la coiffe, l'assise extérieure porte des poils et les autres assises continuent à se diviser. C'est donc bien de l'assise pilifère primitive que procède le voile des *Imantophyllum*.

A partir de $0^{cm},7$ de l'extrémité, les cellules du voile commencent à porter des épaississements spiralés ; mais il y a entre la région aérienne et la région souterraine de la racine cette différence importante que, dans cette dernière, les cellules, au lieu d'être jaune foncé, sont beaucoup plus claires, ont de plus minces parois ; elles deviennent même tout à fait blanches vers 5 ou 6 centimètres du sommet. Enfin, tandis que dans la portion aérienne de la racine le voile manifeste les réactions de la cutine, il ne les présente pas nettement dans sa portion souterraine.

On sait depuis longtemps que les racines aériennes des Orchidées épiphytes doivent leur coloration blanche à un voile de cellules mortes spiralées, perforées et remplies d'air. M. Prilleux (1) et M. de Bary (2) considèrent les assises qu'elles composent comme autant de « couches épidermiques », c'est-à-dire de couches dérivées de l'assise externe ; au contraire, MM. Ad. Chatin, Schacht, Oudemans, Meyen et Schleiden les attribuent à l'assise de cellules épaissies qui en forme la limite interne. J'ai suivi sur le *Vanda Suavis* et l'*Epidendron crassifolium* (fig. 12) le développement du voile et j'ai constaté qu'au-dessous de la coiffe il n'est représenté que par une assise unique dont les cellules alternent très régulièrement avec celles de l'assise sous-jacente. A une distance un peu plus grande du sommet, cette dernière assise s'épaissit, tandis que la couche qui la revêt se divise tangentiellement et donne ainsi naissance au voile. Ce phénomène est absolument semblable à celui que j'ai décrit chez les *Imantophyllum*.

Le nombre des assises du voile est très variable selon les espèces ; d'après M. Prillieux (3), il s'élève à dix ou quinze chez

(1) *Bull. Soc. Bot.*, t. XVIII, p. 261.
(2) *Anatomie comparée des organes de végétation.*
(3) *Bull. Soc. Bot.*, t. XXVI. 2e série, t. I, fasc. 2, de 1879.

les Vandées; j'ai reconnu que chez les Epidendrées il ne dépasse généralement pas six.

M. Prillieux (1) compare les cellules du voile aux cellules subéreuses de la tige; je ne puis accepter sans restriction cette assimilation au point de vue anatomique : il convient en effet de remarquer que le cloisonnement tangentiel n'est pas le seul qui concourt à la formation des éléments du voile : il y a sous ce rapport une irrégularité que le liège proprement dit ne présente point. Quant à la nature chimique des membranes du voile, il est souvent difficile de la déterminer exactement, parce que, traitées par le chloroiodure de zinc, elles ne prennent la coloration jaune que dans les parties âgées.

Chez plusieurs Aroïdées épiphytes, notamment certains *Anthurium* (*A. crassinervium*, *Hookeri* et *nitidum*) les racines aériennes sont recouvertes d'un voile de cellules spiralées qui tire son origine de l'assise externe et se trouve limité en dedans par la première couche à grandes cellules du parenchyme cortical. M. Schleiden (2) a cru voir des stomates dans cette couche. Mais M. Oudemans, puis en 1867 M. Ph. Van Tieghem (3) ont montré que cette apparence de stomates et d'orifices à travers le voile est due au développement inégal de ses cellules, dont plusieurs présentent sur une coupe tangentielle une forme ovale et sont remplies de la matière brunâtre sécrétée par la première assise parenchymateuse, lorsqu'elle se subérifie.

Chez l'*Anthurium Hookeri*, le voile se compose de quatre assises cellulaires; chez l'*A. miquelanum*, on retrouve une couche de même valeur anatomique, mais dont les éléments à parois brunes et légèrement épaissies ne sont point spiralés.

§ 3. — Caractères anatomiques de l'assise pilifère.

Les cellules de l'assise pilifère des racines sont en contact intime les unes avec les autres, ne laissant entre elles aucun

(1) *Ibidem*, 1879.
(2) *Grundzüge*, t. I, p. 271, 2e édition.
(3) *Recherches sur la structure des Aroïdées*, 1867, p. 95.

méat. En cela, elles sont semblables aux cellules de l'épiderme des tiges et des rhizomes. Mais tandis que le tissu tégumentaire de ces axes présente des stomates, je n'en ai jamais observé dans l'assise pilifère des racines.

La présence de stomates sur la racine n'a jamais été reconnue ; mais on en a plusieurs fois décrit sur les tiges souterraines. J'ai poursuivi la comparaison sur les plantes aquatiques et j'ai examiné à ce point de vue le rhizome du *Typha latifolia*, que j'ai cultivé dans l'eau dans les mêmes conditions physiques que les racines. J'y ai constaté des stomates bien développés ; mais sur les racines je n'en ai jamais aperçu.

Je crois donc que ces petits organes sont propres à l'épiderme des feuilles et des tiges, et que ce caractère ajoute à la distinction que j'ai établie entre cet épiderme et l'assise pilifère des racines.

Cette assise est pourvue d'une cuticule absolument comparable à celle de l'épiderme de la tige ; elle présente les mêmes réactions chimiques.

Chez les Monocotylédones, la cutinisation de l'assise pilifère, quand elle a lieu, s'opère à une petite distance du sommet, mais généralement elle ne s'effectue pas avant 1 centimètre de l'extrémité (1). On conçoit d'ailleurs qu'il en soit ainsi : l'accroissement longitudinal de la racine s'opérant exclusivement vers le sommet, c'est seulement au delà de cette région très restreinte que la cutinisation devient possible.

La plupart des auteurs qui se sont occupés du système tégumentaire de la racine (MM. Jancewski, Treub, Eriksson, Flahault, etc.), ne l'ont étudiée que vers l'extrémité du membre. Aussi leurs recherches ont-elles semblé confirmer l'opinion accréditée que la cuticule est toujours très mince dans la racine. Mais, en examinant les parties un peu âgées, il est facile de se convaincre qu'il en est quelquefois autrement, par exemple chez certaines Aroïdées, les *Tornelia*, *Raphidophora*, *Mons-*

(1) Je traiterai plus loin de la nature chimique de la cutine (voy. 2e sect., chap. I, § 1.

tera (fig. 44) et *Philodendron*, dont les racines adventives grêles acquièrent une grande longueur.

On peut les étudier sur les racines grêles à une distance très éloignée du sommet, et là leur cuticule est toujours assez épaisse et fortement colorée en brun.

Les caractères de la paroi externe des cellules pilifères présentent des différences notables chez des espèces voisines, *suivant les conditions physiques du milieu*. Ainsi, tandis que beaucoup de Liliacées, d'Iridées et de Cannées offrent en général une assise pilifère pourvue d'une cuticule, les cellules périphériques ont au contraire de très minces parois chez les Pontédériacées, famille pourtant voisine des précédentes, mais dont les espèces sont accommodées à la vie aquatique. J'ai pu étudier en détail le *Pontederia crassipes*. Les racines de cette plante sont de deux sortes. Les plus grosses (fig. 8 et 23), pourvues d'une membrane rhizogène, émettent des radicelles d'une structure beaucoup plus simples que la leur. Celles-ci sont dépourvues d'assise rhizogène et ressemblent à de longs et grêles filaments renflés vers leur extrémité. Dans toute l'étendue de ces deux sortes de racines l'assise externe demeure mince, hyaline, remplie de protoplasma.

Il en est ainsi chez la grande majorité des plantes dont les racines vivent dans l'eau : M. H. Milne Edwards (1) insiste souvent sur cette idée que la vie terrestre exige une division plus avancée du travail physiologique que la vie aquatique, le milieu physique étant plus constant dans le second cas que dans le premier. Il me semble que la même loi est applicable aux végétaux : dans l'exemple des *Pontederia*, on doit remarquer que l'extension de la surface absorbante des cellules périphériques de la racine n'est possible que si le milieu où elles sont plongées ne nécessite pas qu'elles se protègent énergiquement contre les atteintes du dehors (frottements, variations de température et d'état hygrométrique, etc.). La fonction absorbante n'est obtenue qu'au détriment de la fonc-

(1) Leçons sur la physiologie et l'anatomie comparée de l'Homme et des Animaux.

tion protectrice. Or, comme celle-ci est de moindre importance pour les organes plongés dans l'eau, c'est elle qui est sacrifiée chez les *Pontederia*.

Quant aux racines aériennes et à celles qui s'enfoncent dans le sol, les deux fonctions demandent à être également bien remplies, et alors elles se localisent : l'absorption est confinée dans une région de peu d'étendue au-dessus de la coiffe, tandis que, dans les parties plus âgées, l'épaississement, la cutinisation des membranes cellulaires, puis la mort de l'assise externe assurent la protection du membre. Mais, dans tous les cas, il est rare que l'assise pilifère persiste longtemps ; elle est le plus souvent remplacée, au point de vue de la fonction physiologique qu'elle remplit, par l'assise sous-jacente (1).

§ 4. Poils externes.

L'accroissement transversal des racines étant intercalaire, il en résulte que la forme des cellules pilifères change notablement à mesure que le diamètre du membre augmente. Vers l'extrémité, les dimensions longitudinales de la cellule pilifère l'emportent sur les dimensions transversales. Cette différence apparaît surtout très sensible sur les coupes qui présentent à la fois la section transversale d'une racine et la section longitudinale d'une radicelle naissante.

Chez les Monocotylédones, il arrive souvent que les parois radiales des cellules pilifères s'épaississent un peu comme les parois périphériques, tandis que les parois tangentielles-internes demeurent minces. Ou bien, ce qui est aussi très fréquent, ainsi que je le montrerai plus loin, l'assise pilifère n'est que de très courte durée ; chez les Dicotylédones cette assise tombe ordinairement de bonne heure ; mais quand l'écorce primaire est persistante (ex. : Œillet d'Inde, beaucoup de Composées, plusieurs Légumineuses), les cellules pilifères peuvent rester longtemps vivantes en se multipliant par une série de divisions radiales.

(1) Chap. II, § 1.

Généralement, les cellules de l'assise pilifère portent des poils à une très petite distance du sommet (1), souvent même immédiatement au-dessus de la coiffe (ex. : *Philodendron*). Bientôt ces cellules se trouvent éloignées de la région où s'opère l'accroissement longitudinal; alors elles épaississent notablement leurs parois et meurent. Enfin il arrive d'ordinaire qu'elles sont exfoliées, comme je l'exposerai plus loin en détail, soit par la production d'une couche subéreuse, soit par l'effet des formations secondaires du cylindre central.

Il en résulte que les racines âgées offrent souvent, quant à la distribution des poils, trois régions bien distinctes :

1° *La région inférieure* présente des poils à parois minces, remplis de protoplasma comme les cellules qu'ils prolongent. Ils sont destinés surtout à augmenter l'étendue de la surface absorbante, car les expériences d'Ohlert (2) et de Gasparrini (3) ont montré que l'absorption s'effectue entre la base du cône formé par la coiffe et les parties âgées dont les cellules pilifères sont mortes ou ont été exfoliées.

2° La *région moyenne* comprend toute la partie de la racine qui porte une assise pilifère morte. Les poils y sont dépourvus de protoplasma; leurs membranes sont épaisses et le plus souvent colorées en brun. Ces poils ne semblent plus servir qu'à la protection.

3° La *région supérieure* est celle où l'assise pilifère a été exfoliée. Cette région est d'abord plus restreinte; mais elle ne tarde pas à acquérir plusieurs fois la longueur des deux autres, car elle augmente constamment, à mesure que la racine grandit.

Il faut cependant remarquer que chez certaines plantes, Mono et Dicotylédones, cette région glabre peut ne pas exister, l'assise pilifère étant persistante : je puis citer le *Faba vul-*

(1) M. Van Tieghem a reconnu la formation de poils sous la coiffe même, chez l'Azolla caroliniana; M. Flahault a constaté que chez quelques plantes, le Triglochin palustre, par exemple, les poils se développent sous les bords même de la coiffe et la repoussent.

(2) E. Ohlert, *Einige Bemerkungen über die Wurzelzasern*, Linnea, 1837.

(3) Gasparrini, *Ricerche sulla natura dei succatori*. Naples, 1856.

garis comme portant sur toute la longueur de ses racines des poils bien vivants. Les poils subsistent aussi sur un grand nombre de racines aériennes de Monocotylédones, mais seulement lorsque ces racines restent grêles (ex. : *Monstera*, *Scindapsus*, *Philodendron*, etc.) (1).

Les végétaux dépourvus de poils radicaux sont en petit nombre. On ne cite ordinairement comme tels que le Safran (*Crocus sativus*), l'*Orobanche Hederæ*, l'*Epidendron elongatum* (Gasparrini), l'*Abies pectinata*, le *Cicuta virosa*, le *Monotropa* (Schacht) ; M. Duchatre (2) a émis l'opinion que très probablement d'autres plantes se trouvent dans le même cas. C'est en effet ce que j'ai reconnu chez l'*Epidendron crassifolium* et en général chez les Épidendrées et les Vandées : leurs racines adventives, revêtues d'un voile blanc, sont glabres.

A ce sujet je dois rappeler une expérience de M. Prillieux (3), qui consiste à faire plonger dans l'eau une racine aérienne de *Vanda*, d'*Oncidum* ou d'*Aerides* ; « la partie qui se forme dans le liquide se couvre d'un revêtement velouté de poils qui, tout en s'allongeant librement et sans obstacle dans le liquide, peuvent présenter à leur extrémité des ramifications digitées».

Les poils radicaux sont généralement simples ; mais chez quelques espèces (ex.: *Saxifraga sarmentosa*) qui réclament une grande activité d'absorption, ils sont rameux. Gasparrini, qui les a soigneusement étudiés, déclare qu'ils sont toujours unicellulaires (4). M. Duchartre (5) et M. de Bary (6) reproduisent la même assertion dans leurs derniers traités de botanique. Mais depuis la publication de ces ouvrages, M. Jörgensen (7) a reconnu que les racines adventives des

(1) L'assise pilifère est exfoliée, lorsque le diamètre de ces racines s'accroît notablement.

(2) *Éléments de botanique*, 2e édit. Paris, 1877.

(3) *Bull. Soc. Bot.*, 1879, fasc. 2.

(4) *Ricerche sulla natura dei succatori*. Naples, 1856, p. 42.

(5) *Éléments de Botanique*, 2e édit., Paris, 1877. p. 320.

(6) *Vergleichende anatomie*, 1877, p. 62.

(7) Om Bromeliaceernes Rodder, *Særtryk af Botanisk tidsenkrift*, 3 række, 2 bind, 1878, Copenhague.

Broméliacées, qui cheminent longtemps à l'intérieur de la tige avant de paraître au dehors, portent des poils pluricellulaires dont les cloisons sont transversales ou obliques.

J'ai constaté de mon côté que les mêmes racines des Broméliacées sont aussi pourvues d'un grand nombre de poils unicellulaires. Ces poils sont très bien développés chez une espèce que j'ai particulièrement étudiée : l'*Æchmea Luddmanni*.

En dehors des recherches de Gasparrini et de M. Prillieux, que je viens de rappeler, peu d'expériences ont été faites sur les conditions physiques dans lesquelles les poils se développent. L'an dernier cependant un observateur anglais, M. Maxwell T. Masters, a publié sur ce sujet (1) une note intéressante, dont la conclusion est que : « Le développement des poils est favorisé par la légèreté et la porosité du sol, le contact d'un corps poreux, d'un morceau de verre, d'une surface humide, etc. »

En reproduisant cette conclusion de M. Maxwell T. Masters, je dois faire remarquer qu'elle n'est point absolument rigoureuse, ce botaniste ayant fait varier *à la fois* plusieurs facteurs dans ses expériences (quantité d'humidité, nature chimique du terrain, etc.).

CHAPITRE II. — Tissu parenchymateux.

En dehors de la *membrane pilifère*, à laquelle j'ai consacré un chapitre spécial, la seconde et la dernière assise du système cortical primaire présentent un intérêt particulier. Ces deux assises constituant inclusivement les limites du parenchyme primaire, j'appellerai d'abord l'attention sur l'assise externe, sous-jacente à la membrane pilifère ; je décrirai ensuite les zones parenchymateuses et l'assise qui les termine intérieurement.

§ 1. — Assise épidermoïdale.

La seconde assise corticale est souvent appelée à jouer le

(1) Notes on Root-hairs and Rootgrowth, in *Journal of the Royal Horticultural Society*, vol. V, part. 8, 22 avril 1879.

rôle d'épiderme après la chute de l'assise pilifère : c'est pour rappeler cette fonction que je la désignerai sous le nom *d'assise épidermoïdale* proposé par M. R. Gérard (1). Cet observateur a en effet remarqué que souvent, chez les Dicotylédones, l'assise que j'ai appelée pilifère s'exfolie de très bonne heure, laissant à nu la seconde assise corticale, dont les éléments affectent alors la disposition de véritables cellules épidermiques. De mon côté, j'ai constaté ce phénomène chez les Monocotylédones et bon nombre de Dicotylédones et de Cryptogames vasculaires. Ainsi j'ai vu que chez le *Fraxinus excelsior* (fig. 60), l'assise pilifère se compose de très petites cellules dont la durée est extrêmement courte ; au-dessous d'elle est située la membrane épidermoïdale; les éléments qui la constituent sont relativement très grands et surtout allongés suivant le rayon. Primitivement, leurs parois sont minces ; mais, après la chute de l'assise pilifère, leur face externe s'épaissit comme fait une véritable cuticule.

Cette cuticularisation (2) de la membrane épidermoïdale est très prononcée chez le *Ligustrum ovalifolium.* Chez le *Ranunculus procerus* (phot. 32 et 33), les parois radiales de cette membrane s'épaississent elles-mêmes dans les parties âgées, d'où les cellules pilifères ont disparu.

Chez l'*Anemone pulsatilla*, les éléments épidermoïdaux s'exfolient eux-mêmes, sinon en totalité, du moins en partie, après avoir acquis des parois épaisses et fortement cutinisées.

Chez le *Menyanthes trifoliata*, l'assise pilifère tombe de bonne heure ; néanmoins les cellules sous-jacentes ne s'épais-

(1) *Comptes rendus*, 31 mai 1880, t. XC, n° 22, p. 1295. — M. A. Chatin a aussi appelé de ce nom l'assise de grandes cellules que recouvre immédiatement le voile dans les racines aériennes des Orchidées épiphytes. Or, comme je crois l'avoir établi plus haut, cette assise correspond à l'assise sous-jacente à la membrane pilifère. Il me paraît donc naturel d'adopter, pour dé-igner cette assise, le nom que M. A. Chatin a le premier introduit dans la science.

(2) J'appelle *cuticularisation* la formation d'une cuticule, et *cutinisation* la transformation chimique d'une membrane cellulaire en *cutine* (voy. 2e sect., chap. I, § 1.

sissent à l'intérieur que dans les régions les plus vieilles de la racine.

C'est généralement chez les Monocotylédones que la membrane épidermoïdale revêt au plus haut degré le caractère d'un épiderme avec face externe épaissie. Elle est déjà très accentuée à une petite distance de la coiffe et alors que l'assise pilifère est bien vivante, dans les racines aériennes du *Scindapsus pertusus* (fig. 13), des *Philodendron rudgeanum Houlletianum* et *micans*, et de l'*Alocasia odora*. Chez la Vanille (*Vanilla aromatica*) l'assise pilifère ne se cutinise pas; ses cellules sont petites; leurs parois toujours minces, leurs poils très allongés; l'assise épidermoïdale qu'elle recouvre épaissit considérablement ses parois tangentielles externes, ses parois transversales et ses parois radiales, ce qui, sur une coupe transversale, donne à chaque cellule l'aspect d'un fer à cheval dont la convexité serait tournée vers la périphérie. Les parois tangentielles internes demeurent minces, tant que l'assise pilifère n'est pas exfoliée (fig. 18). Mais dès que cette assise a disparu, les cellules épidermoïdales continuent à s'épaissir dans tous les sens; leur cavité intérieure se rétrécit de plus en plus et leurs parois, surtout la paroi tangentielle externe, sont à la fois très épaisses et nettement subérifiées (fig. 20).

L'épaississement et la cutinisation de l'assise épidermoïdale sont aussi très sensibles chez l'*Asphodelus europeus* (fig. 42, 46, 49), l'*Iris squaleus* (fig. 40), l'*Agave glauca* (fig. 17), l'*Oporanthus luteus* et beaucoup d'autres végétaux du même embranchement.

On verra plus loin que souvent le rôle de la membrane épidermoïdale est lui-même transitoire. Mais il est des cas où cette membrane persiste constamment : ainsi dans les racines aériennes des Epidendrées et des Vandées que recouvre un voile dérivé de l'assise externe, ce voile revêt toujours une membrane épidermoïdale (fig. 12) composée, comme je l'ai déjà dit, de grandes cellules dont les parois radiales sont plissées dans le sens longitudinal et par suite intimement engrenées. M. Prillieux (1) a cependant été conduit à admettre que l'assise épidermoïdale et le parenchyme sous-jacent présentent des interruptions en regard des points très espacés qui demeurent blancs à la surface de la racine lorsque ce membre est plongé dans l'eau (2).

§ 2. — Zones parenchymateuses.

La forme des cellules du parenchyme cortical primaire varie selon qu'on les considère près ou loin de l'extrémité du membre, dans la zone externe ou dans la zone interne.

Près de l'extrémité, elles sont plus grandes dans le sens longitudinal que dans les autres sens, et elles se divisent fréquemment. Mais, à partir de 1 centimètre environ de l'extrémité, l'allongement intercalaire ne se produisant plus, c'est dans le sens transversal qu'elles se développent ; elles deviennent ainsi isodiamétriques.

Dans tout le cours de son travail sur la racine, M. Van Tieghem (3) a eu maintes fois l'occasion de montrer que le plus souvent deux zones bien distinctes se reconnaissent dans le parenchyme cortical : la zone externe, dont le développement est centrifuge, se compose de cellules irrégulières, alternes d'une assise à l'autre, ne laissant entre elles aucun méat (fig. 13) ; au contraire, les cellules de la zone interne, très régulières, ordinairement cubiques, à angles arrondis, sont rangées en files rayonnantes et en séries concentriques d'une parfaite régularité. Elles laissent entre elles de petits méats quadrangulaires d'autant plus accusés qu'on les considère à une plus grande distance du sommet. Le développement de ces cellules est centripète.

Ainsi sur une coupe transversale on voit la grandeur des cellules décroître de chaque côté depuis le milieu jusqu'aux deux limites, externe et interne, de l'écorce primaire.

(1) *Soc. Bot.*, t. XXVII, 2e série, t. I. *Comptes rendus des séances*, n° 2, 11 juillet 1879.

(2) L'assise épidermoïdale recouverte d'un voile peut, ainsi que ce voile, être exfoliée lorsqu'un liège se forme au dessous, 2e partie, 2e sect., chap. I, § 1.

(3) *Ann. sc. nat.*, 5e série, t. XIII, 1870.

Cette disposition, manifeste chez un grand nombre de plantes (*Philodendron Houlletianum* (phot. 7, 8, 9); *Strelitzia augusta; Leontodon taraxacum* (fig. 73); *Gaillardia aristata* (fig. 80); *Ligustrum ovalifolium* (fig. 81), etc., souffre néanmoins beaucoup d'exceptions. C'est ainsi que dans la zone interne la plupart des méats intercellulaires sont triangulaires chez les *Lilium*, les Asphodèles (phot. 14), les *Imantophyllum*, la Vanille (phot. 15), le *Faba vulgaris* (fig. 70, 71), le *Viburnum opulus*, etc., parce que, les cellules étant moins régulièrement disposées, la paroi cellulaire n'est commune qu'à trois cellules à chaque angle. Il arrive aussi que les cellules, constituant des files radiales régulières, alternent dans le sens de la circonférence : il en est ainsi lorsque leur base transversale est hexagonale, comme chez l'*Anthurium nitidum* (fig. 21), alors les méats sont triangulaires.

Je me suis souvent demandé à quelle cause attribuer la formation des méats spécialement dans la zone interne du parenchyme cortical. Il semble au premier abord que la tendance des parois cellulaires à se dédoubler doive être plus prononcée vers la périphérie, l'accroissement transversal intercalaire de la racine écartant d'autant plus les membranes que celles-ci sont plus éloignées du grand axe du membre. Cependant en suivant la formation des deux zones depuis le sommet de la racine, j'ai reconnu qu'en général la zone interne se développe plus tôt que la zone externe, et que chez les espèces où la zone interne présente des méats et la disposition régulière ci-dessus décrite, le nombre des assises de cette zone que possédera la racine âgée est acquis de très bonne heure, tandis que le nombre des assises de la zone externe continue longtemps encore à s'élever. Ainsi, tandis que les cellules de la zone externe se multiplient encore, la zone interne ne se développe que par l'accroissement de chacun de ses éléments. De là un étirement des membranes cellulaires qui entraîne la formation des méats.

A l'appui de l'opinion que j'émets ici, je dois faire remarquer que chez les espèces, comme la Fève, où l'extension du cylindre central entraîne la division de toutes les cellules du parenchyme cortical primaire, il n'y a guère plus de méats dans la zone interne que dans la zone externe. Les cellules parenchymateuses présentent alors une série de phénomènes très remarquables; elles s'accroissent d'abord dans tous les sens, mais particulièrement dans le sens tangentiel; puis, lorsqu'elles ont acquis leurs dimensions maxima, elles se divisent chacune au moyen d'une cloison radiale en deux cellules à peu près égales. Ces dernières sont susceptibles de segmentation tangentielle, mais en général c'est la multiplication par cloisonnement radial qui est de beaucoup la plus fréquente (Ex. : *Faba vulgaris*, (fig. 70 et 71) *Gaillardia aristata*, (fig. 80).

Chez plusieurs Aristolochiées, l'*Asarum Europeum* (phot. 45) par exemple, j'ai reconnu que, par suite du développement tardif et faible du système vasculaire secondaire, la zone externe de l'écorce conserve constamment son organisation primaire; les parois de ses cellules s'épaississent un peu et dès lors, comme elles ne peuvent plus se diviser, lorsque le cylindre central s'étend, leurs parois se divisent aux angles des cellules; il en résulte des méats, d'autant plus prononcés que la racine est plus âgée.

Lorsque l'écorce primaire de la racine se développe peu, l'arrêt du développement porte surtout sur la zone externe. Tel est le cas des *Pontederia*. Chez ces plantes et en général chez toutes les espèces dont les racines sont aquatiques (ex. : *Typhées*, *Calla palustris*, etc.) ou vivent dans les endroits humides ou l'eau (ex. : Renoncules, *Villarsia nymphoïdes*, *Menyanthes trifoliata*, et bien d'autres, la zone interne du parenchyme cortical présente avec la plus parfaite régularité les caractères normaux, tandis que d'énormes lacunes se remarquent dans la région moyenne. Chez le *Pontederia crassipes* (fig. 23), la zone interne est formée de cellules assez grandes, dont la coupe transversale est quadrangulaire; les angles de ces cellules sont arrondis. Elles sont disposées en files rayonnantes et en séries circulaires concentriques d'une régularité toute mathématique, laissant entre elles des méats quadrangulaires accentués. Au contraire, la zone moyenne est très lacunaire ; elle ne se compose que de cellules étroites et allongées, qui relient l'assise externe du parenchyme cortical interne à l'assise interne de l'écorce externe. Les lacunes qui séparent ces longues cellules sont considérables. La couche périphérique continue est formée d'une assise pilifère à petites cellules, d'une assise sous-jacente, à peu près semblable à la première, puis d'une ou deux assises de grandes cellules un peu allongées dans le sens du rayon, auxquelles viennent aboutir les cellules étroites et allongées de la partie moyenne de l'écorce.

De même chez les *Typha*. La zone interne de l'écorce y présente la même régularité et le même aspect que chez les *Pontederia*. Quand on fait sur le *Typha latifolia* une coupe transversale un peu au-dessus de la coiffe, c'est à peine si l'on y voit quelques méats dans la région moyenne de l'écorce. A un niveau plus élevé, ces méats atteignent des dimensions telles que la partie médiane de l'écorce est réduite à de longues bandes rayonnantes reliant la zone interne aux couches périphériques.

Des phénomènes du même ordre s'observent chez les Dicotylédones : ainsi les racines du *Nuphar luteum* (phot. 37, 38, 39, 40), du *Villarsia nymphoïdes* (phot. 41 et fig. 63), du *Menyanthes trifoliata* sont pourvues d'un parenchyme cortical où les lacunes sont à la fois grandes et nombreuses. Seulement, ces lacunes peuvent être de formes très différentes : chez le *Villarsia nymphoïdes* (fig. 63) et le *Menyanthes trifoliata*, elles sont rayonnantes comme celles des Pontédériacées et des Typhacées. Elles n'existent pas dans le jeune âge, comme le montrent la phot. 41 d'une radicelle de *Villarsia* et la fig. 82, qui représente la coupe d'une racine de *Menyanthes* à une faible distance du sommet. On voit notamment sur cette dernière figure que le parenchyme cortical se développe surtout par voie de division tangentielle de ses cellules ; celles-ci, à mesure qu'elles se multiplient, laissent entre elles des méats qui s'étendent suivant le rayon en même temps que le parenchyme s'accroît.

Chez les Nymphéacées, les lacunes affectent un tout autre caractère : on en jugera par l'inspection des photographies du *Nuphar Luteum* aux différents stades de son évolution (37-40). La phot. 37 représente une racine grêle dans laquelle les faisceaux primaires ne sont pas encore complètement développés : déjà l'écorce présente de nombreuses lacunes dont la coupe transversale est à peu près circulaire. Les coupes longitudinales faites suivant le rayon et suivant la tangente montrent que ces lacunes sont des cylindres terminés par des pyramides tronquées, et de plus qu'elles communiquent entre elles, du moins pour la plupart; car les cellules qui les bordent ont généralement la forme de pyramides tronquées à base triangulaire et à faces convexes. Lorsque ces cellules grandissent, le diamètre du cylindre central augmentant (phot. 38), bon nombre de celles qui bordaient les lacunes se résorbent, ce qui accroît constamment la dimension des méats (phot. 39,40). On voit qu'il y en a peu dans la zone tout-à-fait interne, au voisinage du cylindre central (phot. 38), beaucoup au contraire dans la zone moyenne (phot. 39) et dans la zone externe (phot. 40) de l'écorce.

Dans le genre *Ranunculus*, le parenchyme cortical présente, suivant les espèces, des variations qui semblent correspondre à des différences de milieu physique. Il est toujours très développé ; mais tandis que chez les espèces dont les racines vivent dans des conditions moyennes d'humidité il offre les caractères ordinaires du parenchyme des racines terrestres, il présente au contraire de grandes lacunes chez celles qui croissent dans les prairies, les fossés et les lieux humides.

Parmi les premières, je puis citer le *Ranunculus procerus* (phot. 32-34) et la Renoncule des jardins (R. *asiaticus* ?), cultivés en pleine terre. Chez ces deux espèces, le parenchyme cortical est considérable par rapport au cylindre central. Il se compose de grandes cellules dont les dimensions diminuent depuis le milieu jusqu'aux bords : néanmoins les cellules de la zone interne, bien que laissant entre elles de petits méats, ne sont point disposées régulièrement en séries radiales et en cercles concentriques. Je n'ai point observé la moindre déchirure dans ce parenchyme. L'assise pilifère qui le recouvre a ses parois brunes. Elle porte de longs poils unicellulaires; souvent elle s'exfolie.

Sur le *Ranunculus repens*, qui vit dans les fossés et les prés humides, j'ai rencontré la même organisation fondamentale, mais avec de petites déchirures dans le parenchyme cortical des parties âgées.

Cette tendance à la formation des lacunes s'accentue encore davantage chez le *Ranunculus hirsutus*. Chez cette espèce et surtout le *R. lingua* et le *R. sceleratus* (fig. 77), la partie moyenne de l'écorce offre de grandes lacunes, étroites dans le sens tangentiel, mais très allongées dans le sens radial. Elles ne sont séparées que par des bandes parenchymateuses qui n'ont d'ordinaire en épaisseur transversale qu'une seule assise de cellules.

Le parenchyme présente, quant à l'épaississement de ses cellules, d'assez grandes variations suivant les genres et les familles auxquels les racines appartiennent. C'est ainsi que chez les Broméliacées, par exemple chez l'*Æchmea Luddemanni* (phot. 6), les éléments cellulaires de la zone moyenne, lesquels sont très petits, subissent un épaississement considérable de leurs parois : sur une coupe transversale, ils offrent l'aspect ordinaire des fibres : ils sont colorés en jaune ou en rouge, et constituent un anneau protecteur d'une grande rigidité (1).

De même chez beaucoup de Cryptogames vasculaires, les cellules de la zone interne du parenchyme cortical subissent par les progrès de l'âge un épaississement considérable qui s'étend en direction centrifuge à partir de la dernière ou de l'avant-dernière assise de l'écorce (ex. : phot. 1, 2, 3, 4 et

(1) M. Jörgensen a montré que ce phénomène est extrêmement prononcé dans les racines des Broméliacées, qui cheminent longtemps dans l'écorce de la tige. *Birdrag til Rodens naturhistorie af Alfred Jörgensen*, særtryk af Botanisk tidsskrift, 3 række, 2 bind, 1878. Copenhague.

fig. 39,31) de *Marsilea quadrifolia*, *Pteris arguta*, *Lastrea Filix mas aspidium violascens*).

§ 3. — Endoderme.

La dernière assise de l'écorce (*membrane protectrice* ou *endoderme*) revêt dans les racines un ensemble de caractères fixes qu'il est très rare de trouver dans les tiges. Les plissements engrenés des faces radiales de ses cellules, signalés dès 1858 par M. Caspary (1), puis par M. Nicolaï (2), M. Pfitzer (3), étudiés enfin dans la série des plantes par M. Ph. Van Tieghem (4), sont maintenant trop connus pour qu'il soit besoin de les décrire. Je rappellerai seulement qu'exclusivement protectrice chez les Phanérogames, la membrane endodermique contient les cellules rhizogènes chez les Fougères, les Marsiléacées et les Équisitacées, mais que, chez ces dernières plantes, c'est l'avant-dernière assise corticale qui porte les plissements ordinairement caractéristiques de la dernière assise.

Enfin je dois ajouter ici, par anticipation à ce que je me propose de développer plus longuement dans la suite, que chez les plantes dont le cylindre central conserve son organisation primaire, les cellules endodermiques sont susceptibles d'épaississement, tandis qu'elles restent minces et dans certains cas capables de division radiale chez les espèces dont les formations vasculaires sont abondantes.

CHAPITRE III. — Assise périphérique du cylindre central.

La membrane périphérique du cylindre central de la racine constitue l'assise la plus interne du système tégumentaire primaire.

Absolument constante chez les Dicotylédones et les Monoco-

(1) Les Hydrillées. *Ann. sc. nat.*, 4e série, 1858, t. IX, p. 360.

(2) Caspary, Bermerk. über die Schutzscheide (*Pringsheim's Jahrbücher*, 1866, t. IV, p. 101).

(3) Apud *Pringsheim's Jahrbücher*, 1868, t. VI, p. 325.

(4) Mém. sur la Racine, *Ann. sc. nat.*, 5e série, t. XIII.

tylédones, dont la racine a été étudiée, elle fait défaut chez les Équisétacées (fig. 33); mais elle est bien développée chez les Marsiléacées, les *Fougères*, les Lycopodes et les Sélaginelles. Chez les Ophioglossées et les Graminées, au lieu de former un anneau continu, elle n'est représentée que par un petit nombre de cellules situées en regard : des faisceaux *ligneux* chez les premiers; des faisceaux *libériens* chez les seconds.

Chez les Cryptogames vasculaires où elle existe, *la membrane périphérique ne concourt jamais à la formation des radicelles.* Au contraire, *chez les Phanérogames, c'est elle qui contient les cellules rhizogènes.* Aussi la désigne-t-on souvent chez ces végétaux sous le nom de *membrane rhizogène.* En Allemagne, on l'appelle *pericambium* : mais comme ce nom fait allusion à une propriété qui est bien loin d'être générale, je ne qualifierai cette assise de l'épithète de *péricambiale* que chez les plantes où elle engendre des tissus secondaires.

L'orientation, le mode de formation des radicelles, la localisation des cellules rhizogènes en regard des faisceaux ligneux primaires et, dans un petit nombre de cas, en regard du liber primaire, ont été, de la part de M. Ph. Van Tieghem (1) et de M. Jancewski (2), l'objet d'une étude très attentive.

Les recherches sur ce sujet ne sauraient trouver place dans un mémoire sur l'appareil tégumentaire. Je rappelle seulement les faits découverts par M. Jancewski pour établir le compte des formations qui doivent être attribuées à la dernière assise primaire de cet appareil.

Cette assise présente dans son évolution ultérieure de grandes différences, selon que l'organisation primaire du cylindre central est temporaire ou persistante. Dans le premier cas, elle engendre un ou même deux tissus secondaires que j'étudierai plus loin ; dans le second, elle revêt des caractères que je décrirai en suivant le développement du système tégumentaire dans la série des plantes.

(1) Mém. sur la Racine. *Ann. sc. nat.*, 5ᵉ série, t. XIII, 1871.

(2) Recherches sur le développement des radicelles dans les Phanérogames. *Ann. sc nat.*, 5ᵉ série. t. XX, 1874.

CHAPITRE IV. — Éléments épars dans le tégument.

§ 1. — Cellules et canaux sécréteurs.

M. Julien Vesque (1) distingue avec raison, dans l'écorce primaire des tiges, cinq sortes de glandes et de canaux sécréteurs : cellules cristalligènes, cellules à tannin, cellules laticifères, cellules à gomme, cellules et canaux oléo-résineux.

Chez toutes les espèces où je les ai observées, j'ai constaté que les cellules à tannin, les laticifères et les lacunes à gomme offrent les mêmes caractères et la même distribution dans la racine et la tige. Il me semble donc inutile de les décrire dans cette étude ; car, mon but étant de faire connaître le système tégumentaire de la racine, je dois surtout insister sur les traits particuliers de son organisation et me borner, pour ce qui est des analogies avec la tige, à les signaler.

J'ajoute que les cellules laticifères sont rares dans l'appareil tégumentaire aussi bien des tiges que des racines. C'est plutôt dans le liber qu'on les trouve ordinairement.

Quant aux cellules et aux canaux oléo-résineux, leur structure, leur nombre et leur disposition peuvent varier suivant qu'ils appartiennent à la tige ou à la racine. Je vais examiner ces différences.

CANAUX OLÉO-RÉSINEUX.

Chez la majeure partie des végétaux, le système tégumentaire est complètement dépourvu de canaux oléo-résineux. Je n'en ai point trouvé chez les Cryptogames vasculaires. Au nombre des familles phanérogames qui en offrent, on peut citer surtout les Conifères et les Cycadées parmi les Gymnospermes, les Aroïdées parmi les Monocotylédones, les Ombellifères, les Araliacées, les Composées et les Clusiacées, parmi les Dicotylédones Angiospermes.

Comme ces appareils ont été l'objet d'une étude approfondie

(1) Mém. sur l'anatomie comparée de l'écorce, *Ann. sc. nat.*, 6e série, t. II, 1875, pp. 111-130.

de la part de MM. Sachs (1), Trécul (2), N. J. C. Muller (3) et Ph. Van Tieghem (4), je me bornerai à donner, en l'accompagnant de dessins originaux, la description des variations que présentent les canaux oléifères dans le système tégumentaire des racines.

Considéré isolément, chaque canal sécréteur a la même structure fondamentale dans la tige et dans la racine, bien qu'en général il soit moins développé dans cette dernière.

Les cellules de bordure du méat offrent dans la série des plantes où on les observe des degrés inégaux de différenciation. Ainsi, dans la famille des Composées, où les cellules oléifères appartiennent à l'endoderme, cette membrane peut rester simple ou se diviser tangentiellement en deux assises. M. Van Tieghem a montré que le premier cas est celui du *Scolymus grandiflorus ;* j'ai constaté qu'il en est ainsi chez l'*Echinops exaltatus* (fig. 69) et le *Lappa major*. La division tangentielle s'observe chez la plupart des Composées, par exemple chez les *Tagetes patula*.

Dans la tige de cette plante la structure de l'appareil oléifère est plus compliquée que dans la racine ; les cellules de bordure du méat se divisent de façon à isoler le canal de la membrane protectrice.

Chez les Composées dans la racine desquelles l'écorce primaire est persistante, les canaux formés dans l'endoderme se retrouvent intégralement dans l'organisation secondaire ; mais la division radiale de l'endoderme (fig. 69) les écarte de plus en plus les uns des autres dans le sens de la tangente.

Chez les Ombellifères, les Araliacées et les Pittosporées, les canaux sécréteurs sont localisés dans la membrane périphérique, en regard des faisceaux vasculaires. Il en résulte une perturbation dans la position et le nombre des radicelles.

(1) *Botanische Zeitung*, 1859, pp. 177-185, pl. VIII, fig. 17.

(2) *Journal de l'Institut*, 6 août 1862, et *Ann. sc. nat.*, 5e série, t. V et t. VII.

(3) *Untersuchung über die Vertheilung der Hazze*, 1867.

(4) Mém. sur les canaux sécréteurs des plantes, *Ann. sc. nat.*, 5e série, t. XVI, 1872.

Celles-ci se trouvent distribuées sur autant de rangées qu'il y a de faisceaux primaires (tant libériens que ligneux) dans la racine. Lors de l'organisation secondaire, les méats oléifères issus de l'assise péricambiale restent toujours compris entre le liège et le parenchyme secondaire qui procèdent de cette assise.

Chez les Aroïdées, les canaux sécréteurs sont distribués en zones concentriques alternantes dans le parenchyme cortical (phot. 7, 8, 9, 10). Ils sont entourés chacun d'un étui fibreux qui résulte de l'épaississement des cellules environnantes. Le diamètre transversal de ces cellules est de beaucoup plus petit que celui des cellules voisines du parenchyme ; mais leurs dimensions longitudinales sont bien plus grandes ; leurs extrémités sont effilées comme celles des fibres ordinaires. Par suite, la gaine qu'elles composent est d'une grande solidité.

Les canaux sécréteurs sont en général non seulement plus petits, mais aussi plus rares dans la racine que dans la tige ; car chez les espèces dont la tige ne présente pas ces sortes de méats, il n'y en a pas non plus dans la racine, et souvent ce membre en est dépourvu alors que la tige en possède.

Les Conifères offrent un exemple saisissant de ce contraste. Chez aucune espèce de cette famille le parenchyme cortical de la racine n'a de canaux oléo-résineux ; il y en a, au contraire et de parfaitement développés, dans l'écorce de la tige de toutes les Conifères, excepté dans les espèces du genre *Taxus*. L'étude des Cycadées, des Butomées et des Clusiacées conduit à la même conclusion.

En résumé, on voit que :

1° *Les canaux oléo-résineux du système tégumentaire sont souvent plus étroits et souvent plus développés dans la racine que dans la tige ;*

2° *Le nombre de ces canaux, quand il n'est pas le même dans la racine que dans la tige, est moins élevé dans la racine, ce dernier cas étant plus fréquent*,

3° *Chez les espèces où il a été constaté que la tige n'en présente pas, il n'y en a pas non plus dans la racine*

Ainsi, *la tendance à la production des canaux oléo-résineux est en général beaucoup moins accusée dans le système tégumentaire de la racine que dans celui de la tige.*

§ 2. — Cellules scléreuses.

Les cellules scléreuses sont rarement des éléments de formation primaire dans le système tégumentaire de la racine, Je n'en connais guère de cet ordre que chez quelques Amaryllidées (ex. : *Agave*) et les Monstérinées (ex. : *Scindapsus*, *Raphidophora*, *Tornelia*, *Monstera*, etc.). L'étude que j'en ai faite chez ces végétaux infirme l'opinion émise par M. Cohn (1) que leur rôle est de servir de réserves nutritives, de magasins de cellulose. Voici en effet comment elles se forment et quelle disposition elles affectent dans la racine du *Scindapsus pertusus* :

Lorsqu'on fait une coupe transversale à la hauteur de la coiffe, la racine étant peu épaisse, le parenchyme cortical présente les caractères normaux : toutes ses cellules ont leurs parois minces ; à un niveau un peu plus élevé on voit quelques cellules d'une des assises internes de l'écorce (souvent la quatrième avant l'endoderme) se sclérifier, se canaliculiser et s'encroûter (fig. 22), ces cellules contiennent des grains d'amidon. A un niveau supérieur, le nombre de ces cellules scléreuses appartenant à la même assise est encore plus considérable ; la même sclérification se produit dans une des assises contiguës à la précédente, et de telle façon que les cellules encroûtées contiguës communiquent entre elles par leurs étroits canalicules. Chez le *Raphidophora pinnata* le phénomène est encore plus prononcé. Toutes les cellules de deux ou trois assises contiguës, se sclérifiant dans les parties âgées qui présentent un fort diamètre transversal, forment autour de l'endoderme, dont elles ne sont séparées que par quatre ou cinq assises parenchymateuses, un manchon protecteur continu, très énergique, généralement coloré en jaune verdâtre (phot. 12).

(1) Rud. Müller, *Die Rinde unserer Laubölzer*, Breslau, 1875, p. 34. — M. Julien Vesque (anatomie comparée de l'écorce, *Ann. sc. nat.*, 6e série, t. II, 1875, p. 127) oppose aussi à l'opinion de M. Cohn des arguments qui me paraissent décisifs ; j'aurai plus loin l'occasion de les examiner.

Ce manchon ne se différencie du reste du parenchyme cortical que si le diamètre transversal de la racine est assez considérable ; et encore n'est-ce qu'*à une grande distance du sommet*; cette distance varie d'une racine à l'autre, mais ordinairement n'est pas inférieure à 30 centimètres. Avant qu'il ne soit constitué, le cylindre central tend à se déformer. Au contraire, lorsque le manchon scléreux est solidement établi, les éléments du cylindre central conservent la position normale.

Au point de passage des radicelles il se fait un amas de cellules scléreuses tout autour de celles-ci, près de l'endoderme. Ainsi la base de la radicelle, la région du cylindre central d'où elle émane, sont protégées par un épais anneau de cellules scléreuses qui se relient sans interruption à celles qui viennent d'être décrites (fig. 83).

Un manchon protecteur analogue à celui des Monsterinées, mais bien plus considérable, s'établit dans la racine de l'*Agave glauca* (fig. 24). Ce sont toutes les cellules de la zone interne du parenchyme cortical qui se sclérifient, se canaliculisent et se colorent en jaune, puis en rouge vif. Elles commencent à revêtir ces caractères à une petite distance du sommet. Dans les parties âgées la zone sclérifiée comprend d'ordinaire de six à sept ou même huit assises de cellules.

En aucun cas je n'ai vu les parois des cellules scléreuses s'amincir; quand j'ai constaté un changement, c'est toujours sous forme d'épaississement qu'il m'a paru s'opérer.

Cette observation enlève tout fondement à l'hypothèse de M. Cohn, au moins pour le cas particulier des *Agave*, des *Tornelia*, des *Scindapsus*, des *Monstera* et des *Raphidophora.*

L'examen des cellules scléreuses de formation secondaire m'a conduit à la même conclusion.

Je dois faire remarquer aussi que les cellules scléreuses d'origine primaire que présente le parenchyme cortical des *Agave* et des Monsterinées ne sont guère plus allongées dans le sens axial que dans les autres sens. Il n'en est généralement pas ainsi des cellules scléreuses secondaires de l'écorce.

§ 3. — Collenchyme et prosenchyme.

Le système tégumentaire des racines présente très rarement du collenchyme (ex. : *Raphidophora*). Au contraire, ce tissu est fréquent dans les tiges ; c'est le plus souvent sous l'épiderme qu'il acquiert son plus grand développement.

Le *prosenchyme* est *également* répandu dans les deux membres, mais ce n'est guère que chez quelques familles monocotylédones. J'ai décrit plus haut la gaine prosenchymateuse qui entoure les canaux sécréteurs des Philodendron. Il me reste à citer les Pandanées et beaucoup de Palmiers, parmi les végétaux dont le système tégumentaire primaire est pourvu soit d'une zone, soit de faisceaux isolés de prosenchyme.

Dans la racine du *Caryota urens*, la région interne du parenchyme cortical présente plusieurs séries concentriques de faisceaux fibreux qui alternent dans le sens radial (fig. 29). Chacun de ces faisceaux fibreux constitue un cordon cylindrique autour duquel les cellules contiguës du parenchyme offrent une disposition radiée.

Chez le *Phœnix dactylifera*, la couche génératrice de la zone externe de l'écorce se fibrifie ; il en résulte la formation d'une forte ceinture continue ; une section transversale pratiquée même à une petite distance du sommet montre en outre des faisceaux d'éléments prosenchymateux rangés sur plusieurs cercles dans la partie interne de l'écorce externe ; à un niveau supérieur le parenchyme se résorbe et de grandes lacunes se forment entre ces groupes fasciculaires de prosenchyme.

Chez le *Phœnix zanzibar* ces faisceaux sont encore plus nombreux ; ils sont disséminés dans les deux zones, interne et externe, de l'écorce primaire.

Chez les *Pandanus stenophyllus* et *P. javanicus* se retrouve une ceinture prosenchymateuse comparable à celle des *Phœnix* et, dans le parenchyme cortical, des faisceaux également prosenchymateux qui sont beaucoup plus considérables que chez les Palmiers. Une coupe horizontale pratiquée chez le *Pandanus stenophyllus* à 10 centimètres de l'extrémité présente trois régions bien distinctes (phot. 22) : la région externe de l'écorce est constituée par un tissu secondaire que j'étudierai plus loin ; ce tissu recouvre un manchon continu de deux ou trois assises de fibres blanches, très épaissies, peu allongées, que le chloroiodure de zinc colore en jaune. La section transversale de chacune de ces fibres est petite. Au contraire, les cellules du parenchyme sous-jacent sont relativement très grandes et de plus isodiamétriques. De place en place quelques-unes sont déchirées. Au milieu d'elles sont distribuées çà et là des îlots d'éléments prosenchymateux, blancs, que le chloroïodure de zinc colore en jaune. Ces îlots sont d'autant plus grands et d'autant plus écartés les uns des autres qu'ils s'éloignent du centre. Ils sont disposés avec une certaine régularité en séries circulaires alternantes.

A mesure que l'on se rapproche du sommet, on voit l'épaisseur des cellules prosenchymateuses diminuer, et, bien qu'elles soient déjà différenciées à la base du cône formé par la coiffe, à une très faible distance de l'extrémité du membre elles ne se distinguent plus des cellules prosenchymateuses qui les environnent.

La présence du prosenchyme dans l'écorce des racines, sous forme de ceinture continue ou de faisceaux indépendants, a pour but d'assurer d'une façon très énergique la rigidité du membre. Aussi est-elle liée au genre de vie de la plante et surtout au diamètre transversal que la racine doit acquérir. Chacun sait en effet que la tige des Phœnix et des Pandanées est soulevée à quelque distance du sol, grâce aux racines adventives qui la supportent. Il est donc nécessaire que celles-ci soient fortes, et que par conséquent elles acquièrent de très bonne heure de grandes dimensions transversales.

Ce grossissement très précoce de la racine, accompagné de la formation d'éléments prosenchymateux de soutien dans le tissu conjonctif modifie considérablement les dimensions relatives ordinaires du cylindre central et de l'écorce. Ainsi, sur une coupe de $0^{cm}4$ de rayon faite à 2 centimètres du sommet dans la racine du *Pandanus tenophyllus*, l'écorce ne mesure que 0cm13 d'épaisseur ; c'est-à-dire que le cylindre central est trois fois plus épais que l'écorce.

Ce rapport est celui que l'on observe normalement dans les tiges. Au contraire, dans les racines que ne soutiennent pas des éléments prosenchymateux, c'est l'écorce primaire qui sur la coupe transversale occupe la plus grande surface (1). En

(1) Les nombres suivants expriment le rapport que j'ai trouvé entre le diamètre du cylindre central et celui de la coupe entière, lors de l'organisation primaire chez plusieurs plantes, soit Cryptogames vasculaires, soit mono, soit di-cotylédones :

Cryptogames vasculaires.	Angiopteris evecta.........	$\frac{1}{8,00}$	Moyenne $\frac{1}{6,8}$
	Equisetum telmateya.......	$\frac{1}{5,50}$	
	Marsilea quadrifolia.......	$\frac{1}{7,00}$	
Monocotylédones........	Epidendron crassifolium...	$\frac{1}{6,25}$	Moyenne $\frac{1}{6}$
	Vanilla aromatica.........	$\frac{1}{5,33}$	
	Pontederia crassipes......	$\frac{1}{5,00}$	
	Typha latifolia...........	$\frac{1}{5,50}$	
	Strelitzia augusta.........	$\frac{1}{6,43}$	
	Oporanthus luteus........	$\frac{1}{8,50}$	
	Imant ophyllum miniatum..	$\frac{1}{7,66}$	
	Iris germanica............	$\frac{1}{6,25}$	
	Asparagus officinalis.......	$\frac{1}{5,00}$	
	Lilium superbum..........	$\frac{1}{4,70}$	
Dicotylédones à écorce primaire persistante..	Ruyschia Souroubea.......	$\frac{1}{4,00}$	Moyenne $\frac{1}{4,5}$
	Ranunculus procerus......	$\frac{1}{5,00}$	
Dicotylédones dont l'écorce primaire s'exfolie.	Sambucus pubescens......	$\frac{3}{3,60}$	Moyenne $\frac{1}{3,85}$
	Ilex aquifolium...........	$\frac{1}{3,40}$	
	Ligustrum ovalifolium.....	$\frac{1}{4,20}$	
	Anemone pensylvanica.....	$\frac{1}{3,40}$	

Ces moyennes n'ont d'autre valeur que d'indiquer sous une forme abrégée

général sur les coupes des racines *ne présentant que la structure primaire*, *les dimensions* RELATIVES *du cylindre central sont moindres chez les Cryptogames vasculaires que chez les Monocotylédones, moindres chez ces dernières que chez les Dicotylédones.*

Dans les racines adventives des *Dracœna*, qui soutiennent la tige comme font les racines adventives des *Pandanus*, les dimensions relatives du cylindre central et de l'écorce ne sont plus du tout dans le même rapport que chez les autres Liliacées; bien que l'écorce radicale des Dracæna ne présente pas de faisceaux prosenchymateux, elles se rapprochent de la proportion que l'on remarque d'ordinaire dans les tiges.

§ 4. — Poils internes.

Je ne cite ici que pour mémoire les *poils internes* que M. Van Tieghem (1) a signalés dans le parenchyme cortical des Monstérinées (*Monstera*, *Raphidophora*, *Tornelia*, etc.) (phot. 20). Ces poils ont des caractères semblables dans les racines et dans les tiges.

M. Van Tieghem a décrit des poils internes dans la tige et la racine d'une plante qui était déterminée sous le nom de *Pothos Rumphii*, dans les collection du Museum. Mais M. Engler (Flore du Brésil) (2) a montré que cette plante appartient au genre *Cuscuaria*, de la tribu des Monstérinées. On ne connaît donc jusqu'alors de poils internes que dans les végétaux de cette tribu. La phot. 20 du *Tornelia fragrans* en présente quelques-uns.

le sens de l'accroissement relatif du cylindre central. Pour déterminer les dimensions de ce cylindre, je l'ai toujours mesuré dans les parties les plus âgées chez les Cryptogames vasculaires et les Monocotylédones, et à la fin de la période primaire, chez les Dicotylédones. J'ai exécuté un grand nombre de mensurations sur beaucoup d'autres espèces que celles que je viens de citer: elles m'ont toujours donné le même résultat.

(1) Recherches sur les Aroïdées.

(2) *Martii Flora Brasiliensis*, fasc. LXXXVI. Lemnaceæ, Araceæ, note de la page 36.

2e SECTION : ÉLÉMENTS SECONDAIRES.

Les éléments secondaires de l'appareil tégumentaire des racines peuvent être subéreux, subéroïdes (1), sclérenchymateux et parenchymateux.

Comme je me propose de faire une étude détaillée de ces éléments et des conditions dans lesquelles ils se produisent, c'est seulement en suivant la série des végétaux qu'il me sera possible de les décrire et d'indiquer de quelles assises primaires ils procèdent, selon le genre de vie de la plante et le groupe naturel auquel elle appartient.

Je me bornerai donc, dans les trois chapitres qui vont suivre, à exposer brièvement la constitution et les divers modes de production de ces éléments secondaires. Je n'insisterai que sur le phénomène chimique de la subérification, parce qu'il peut être considéré indépendamment de la structure anatomique des tissus qui en sont le siège.

CHAPITRE Ier. — Liège et subéroïde.

§ 1er. Liège.

Le Liège ou Suber est un tissu cellulaire secondaire, caractérisé *à la fois* par sa constitution anatomique et sa nature chimique.

Il procède de la division successive d'une assise cellulaire dans le sens tangentiel, et quelquefois en outre dans le sens radial. Ses cellules ne laissent entre elles aucun méat.

Quand elles ont acquis leurs caractères de cellules de liège, elles ne contiennent pas de protoplasma, leurs parois offrent des reflets irisés. Elles sont insolubles dans le liquide ammoniaco-cuivrique de Schweizer et inattaquables par le *Bacillus Amylobacter*; elles se colorent en *jaune* quand on les traite par le *chloroiodure de zinc* ou simultanément par l'acide sulfurique et l'iode. Elles forment avec la potasse un savon insoluble dans les dissolvants ordinaires des corps gras, l'alcool par

(1) *Pour la définition du subéroïde*, chap. I, § 2.

exemple. Avec l'acide nitrique, elles donnent naissance à l'acide subérique. Le mélange d'aniline et d'acide sulfurique (procédé Wiesner) ne leur communique aucune coloration particulière.

On ne fait ordinairement entrer que ces réactions chimiques dans la définition du liège. Or, M. Vesque a montré — et toutes mes observations confirment cette assertion — que ces réactions sont communes à la *cutine*. Cette substance, d'après les analyses de M. Frémy (1), renferme sur 100 parties :

Carbone..............................	73,66	
Hydrogène............................	11,37	= 100.
Oxygène..............................	14,97	

Ainsi que cet auteur le fait remarquer, il n'est pas surprenant de trouver cette composition, voisine de celle des corps gras, dans des membranes situées à la périphérie du végétal et destinées à le protéger contre les agents extérieurs.

Je dois cependant faire observer que les cellules du liège ne sont pas les seules qui manifestent les réactions de la cutine. J'ai reconnu que *les parois épaissies de la membrane épidermoïdale se colorent exactement comme le liège, lorsqu'on les soumet à l'action des agents chimiques.* Il en est souvent de même de l'*endoderme*. Déjà M. Van Tieghem, dans son travail sur les canaux sécréteurs, a appelé l'attention des anatomistes sur ce fait, que chez le *Tagetes patula* les parois de l'endoderme acquièrent souvent par les progrès de l'âge « des reflets irisés analogues à ceux qui caractérisent les cellules subéreuses (2) » ; et M. Vesque, dans son *Mémoire sur l'anatomie comparée de l'Écorce* (3), se demande à ce sujet si la composition de ces parois et des membranes du liège se rapproche de la composition de la cutine, comme les dernières recherches de M. Frémy tendent à l'établir.

(1) Recherches chimiques sur la composition des cellules végétales, *Ann. sc. nat.*, 4e série, t. XII, 1859, p. 336.

(2) Can. secr. des plantes, *Ann. sc. nat.*, 5e série, 1872.

(3) *Ann. sc. nat.*, 6e série, t. II, 1875, p. 90.

En attendant qu'une analyse très délicate réponde à cette question, j'ai cherché à l'éclairer par la *méthode des réactions microchimiques*. Cette méthode a sur celles que les chimistes emploient d'ordinaire le grand avantage de permettre à l'observateur de suivre d'une façon continue toutes les phases de la réaction, sans s'exposer à se méprendre sur la localisation du phénomène. En effet, lorsqu'on soumet à l'influence de certains acides (SO^3, AzO^5, etc.) ou de certaines bases (KO, etc.), les organes des végétaux, et que, l'opération terminée, on les examine au microscope, il est difficile de distinguer les éléments histologiques et plus encore de se prononcer sur la nature des changements qu'un traitement déterminé leur a fait subir : étant donnés plusieurs ordres d'éléments, par exemple des cellules de parenchyme, des fibres épaisses et des vaisseaux ligneux, il est impossible de décider quelle action ils peuvent avoir l'un sur l'autre dans un mélange au sein de l'éther, de l'acide sulfurique, de l'acide nitrique ou de la potasse. En outre, tous les éléments se trouvant plus ou moins altérés (1) par le traitement chimique, on ne peut guère se prononcer avec certitude sur la nature histologique de ceux qui n'ont pas été complètement dissous. Que si au contraire on les considère sur une coupe mince où ils ne sont que juxtaposés et pendant tout le temps que dure la réaction, l'examen devient à la fois plus simple et plus sûr. Comme cette méthode élimine, au moins en grande partie, une des causes d'erreur que je viens de signaler, — l'influence que peuvent exercer les unes sur les autres des matières dérivées d'éléments histologiques différents, — il n'est pas étonnant qu'elle ne confirme pas toujours les conclusions auxquelles la méthode macrochimique a conduit.

C'est ainsi qu'elle ne m'a pas permis d'adopter d'une façon absolue la distinction que M. Frémy fait entre la *lignose*, la *fibrose* et la *vasculose*. Ce chimiste soumet des copeaux à l'action successive de divers agents ; puis il étudie au microscope

(1) Les ponctuations, les bourrelets annelés disparaissent; les éléments se gonflent, deviennent souvent méconnaissables.

les résidus de chaque traitement, — résidus dont la structure anatomique n'est plus nette, — et de la résistance de chacun d'eux, soit à l'acide chlorhydrique, soit à l'acide sulfurique concentré, soit à l'acide nitrique, soit à la potasse concentrée et bouillante, etc., il conclut à la distinction de la matière : — parenchymateuse, — fibreuse, — ligneuse, — vasculaire, — et subérique.

Au microscope, les réactions chimiques ne m'autorisent à distinguer d'une façon absolue, dans les parois des éléments histologiques des végétaux, que la *Cellulose* et la *Paracellulose*, laquelle se différencie en :

1° matière *ligneuse*, fibreuse, vasculaire,
Et :
2° *cutine* ou *subérine*.

Voici comment j'établis ces distinctions : quand je traite une mince coupe végétale (1) préalablement lavée dans l'*eau*, l'*alcool* ou l'*éther* (2), par le *chloroiodure de zinc* ou l'*acide sulfurique* et l'*iode* employés simultanément, *la cellulose bleuit ; la paracellulose jaunit.*

Si je fais macérer dans l'eau des coupes semblables à celle qui m'a servi à faire cette réaction, j'observe la destruction presque toujours totale des éléments dont les congénères ont bleui par le chloroiodure de zinc, tandis que ceux que ce réactif colore d'ordinaire en jaune ne sont point attaqués. C'est donc bien la cellulose que cet agent colore en bleu, et la paracellulose qu'il colore en jaune.

J'ai dit que la paracellulose comprend deux ordres de substances différentes. En effet, si je fais bouillir dans l'acide nitrique une coupe mince, suffisamment âgée et préalablement lavée à l'eau, qu'après cette opération je lui fasse subir un nou-

(1) Il s'agit ici d'une coupe assez mince pour pouvoir être parfaitement bien étudiée au microscope. Les autres coupes ne méritent pas cette qualification de minces.

(2) Les coupes traitées par l'alcool ou l'éther ont toujours été, dans mes opérations, lavées dans l'eau avant d'être soumises à l'influence du chloroiodure de zinc ou de l'iode et de l'acide sulfurique.

veau lavage jusqu'à la désacidifier complètement, le chloroiodure de zinc colorera :

en bleu : les parois des *cellules ligneuses*, des *fibres épaissies* et des *vaisseaux du bois;*

en jaune : les cellules *subéreuses* et la *partie cutinisée* de la cuticule.

J'ai essayé de séparer la substance des vaisseaux ligneux de celle des fibres, en répétant sur la lamelle du microscope la série des opérations chimiques instituées par M. Frémy. J'ai bien constaté que la vasculose résiste quelquefois plus que la fibrose à l'action de l'acide sulfurique concentré, mais après avoir répété l'expérience sur un grand nombre de plantes mono et di-cotylédones, je demeure convaincu que la différence e résistance à cet agent est chose extrêmement variable. Les fibres et les vaisseaux se gonflent d'abord; puis les ponctuations des vaisseaux disparaissent; enfin les parois des deux sortes d'éléments s'amincissent; et si on les considère sur une coupe longitudinale, où ils se touchent, il devient le plus souvent impossible de les bien distinguer : *à fortiori*, quand on n'a pas suivi cette action au microscope.

A l'appui des réserves que je fais ici, je puis citer le fait suivant : M. Frémy, pour déterminer les caractères de la *Vasculose*, a eu recours au cœur de chêne, qui est très riche en vaisseaux ligneux; et quand il a voulu définir la fibrose, c'est à des sapins qu'il l'a demandée, le bois des Conifères ne renfermant que des fibres. Mais, ce qui précisément me fait hésiter à adopter sans restriction une distinction absolue entre la fibrose et la vasculose, c'est que chez les Conifères les fibres tiennent *physiologiquement* et *morphologiquement* lieu de vaisseaux (1).

(1) A l'époque où M. Frémy entreprit ses premières recherches sur la constitution chimique des fibres, des vaisseaux, de la cutine, il n'était pas encore établi sans conteste que tous les éléments anatomiques procèdent de la cellule. Il était donc naturel de supposer que ces éléments peuvent présenter dès leur jeune âge des caractères chimiques distinctifs.

Je crois donc que si les opérations macrochimiques ont pu jeter un grand jour sur la constitution élémentaire des plantes, l'anatomie végétale est maintenant trop avancée pour ne point exiger l'emploi plus instructif des réactions microchimiques. C'est en me livrant à ce genre d'études que j'ai reconnu que la subérification chimique, loin d'être un phénomène particulier aux cellules du liège et à la cuticule, est au contraire une modification très générale des tissus destinés à jouer le rôle physiologique d'épiderme.

Chaque fois que j'ai traité le sclérenchyme de formation secondaire par le chloroiodure de zinc, je l'ai vu se colorer en jaune, alors même que cette réaction avait été précédée du séjour de la coupe dans l'acide nitrique bouillant. Lorsque les cellules endodermiques épaississent considérablement leurs parois, phénomène qui est surtout très prononcé chez les Liliacées et les Iridées, elles présentent cette même réaction de la subérine. C'est ce qu'on voit manifestement chez les *Iris*, les *Smilax* (fig 41, 27 et 36). Chez la Vanille (phot. 15), les cellules endodermiques situées en regard des faisceaux ligneux conservent des parois minces, tandis qu'elles s'épaississent en regard du liber primaire. Il en est de même des éléments de la membrane périphérique du cylindre central. Ils constituent une alternance d'arcs à parois minces et d'arcs épaissis. Or, à cette différenciation anatomique correspond, ainsi qu'un grand nombre d'expériences me l'ont appris, une différenciation chimique évidente. Les arcs épaissis de l'endoderme et de l'assise périphérique du cylindre central restent cellulosiques, tandis que les arcs intermédiaires sont complètement subérifiés.

J'ai reconnu aussi que dans bien des cas (ex. : *Philodendron*, *Agave*, *Vanilla*) les parois de la membrane épidermoïdale peuvent se cutiniser ; qu'enfin le parenchyme du système tégumentaire primaire subit généralement la subérification chimique avant de s'exfolier, chez les plantes où il est normalement caduc.

Je rapporte ici ces faits, dont l'exposition détaillée trouvera place plus loin, pour montrer que le liège ne saurait être défini uniquement d'après sa composition élémentaire, ou, ce qui revient au même dans l'état actuel de la science, d'après les réactions chimiques qu'il manifeste (1). La structure anatomique et le mode de formation sont encore plus importants que la composition élémentaire, pour caractériser un tissu.

Or le liège, quelle que soit la région du végétal où il se rencontre, s'y fait facilement reconnaître par la disposition rayonnante de ses éléments sans méats et la façon dont ils sont engendrés. L'opinion vaguement émise par Schleiden, puis

(1) Il est très important de remarquer que le chloroiodure de zinc n'est pas un réactif rigoureusement défini au point de vue quantitatif; qu'en outre, le même réactif ne convient pas également bien à toutes les espèces de plantes. Bien souvent j'ai observé que le chloroiodure de zinc, qui venait de me donner d'excellentes indications sur la coupe d'une racine, n'agissait pas nettement sur une racine d'une autre espèce. C'est que les cellules végétales renferment diverses matières qui, dans bien des cas, peuvent s'opposer à la réaction. Aussi ai-je pris le parti de les bien laver (soit dans l'eau, l'alcool, l'éther ou le chloroforme) avant de les soumettre à l'action de réactifs.

Enfin j'ai eu recours à quatre ou cinq préparations différentes du chloroiodure de zinc, et quand l'une ne me donnait aucun résultat, j'avais recours à une autre. De cette façon, j'ai toujours pu employer ce mélange pour reconnaître les caractères chimiques des éléments histologiques.

Je préparais le chloroiodure de zinc en ajoutant à une solution aqueuse de chlorure de zinc une quantité variable d'iodure de potassium. Tantôt j'y versais une petite quantité d'iode, tantôt je n'en mettais pas.

En modifiant la proportion de ces éléments, en étendant ou non d'eau les mélanges, j'en obtenais une série de 4,5 ou 6 dont un au moins pouvait me servir, lorsque les autres ne m'étaient d'aucune utilité.

La solution iodée au titre de 1 gramme d'iode dans 3 grammes d'iodure de potassium et 600 grammes d'eau m'a été aussi, avec l'emploi immédiat de l'acide sulfurique étendu, d'un usage précieux.

Enfin, pour bien mettre en lumière dans les coupes microscopiques les parties subérifiées et celles qui ne le sont pas, j'ai imaginé de faire baigner les coupes dans une solution moitié alcoolique, moitié aqueuse de fuchsine, puis de les plonger dans l'alcool absolu. Après ce dernier traitement, les parties cellulosiques, et généralement les parois des fibres et des vaisseaux, sont décolorées, tandis que les parties cutinisées ou subérifiées conservent pendant longtemps encore la couleur rouge de la fuchsine. Comme on le voit, ce procédé ne saurait servir pour l'analyse, mais il est d'un usage commode pour permettre de lire très rapidement les coupes, en remarquant immédiatement les différences les plus saillantes de la constitution chimique (voir plus loin : endoderme des Iris, de la Vanille, des Épidendrées, etc.).

soutenue en 1860 par M. Cas. de Candolle (1), que le liège peut naître d'une formation cellulaire libre, me paraît en désaccord avec toutes les observations positives. En 1859, M. Sanio (2) a publié, sur l'apparition des premières cellules subéreuses dans les tiges, un travail très étendu où il déclare les avoir toujours vues procéder de la segmentation tangentielle d'une cellule mère, et M. Rauwenhoff (3), qui a poursuivi la même étude avec beaucoup de patience, a été conduit au même résultat.

es observations personnelles confirment de tout point la manière de voir de ces savants : grâce à l'emploi de l'alcool absolu et du chloroforme à chaud, j'ai pu dans un certain nombre de cas assister à la scission tangentielle du protoplasma de la cellule phellogène et suivre presque complètement sur la même plante la formation de la cloison : j'ai cherché en quel point de la cellule et dans quelle direction cette cloison commence à se produire; mais les efforts que j'ai tentés dans ce sens me conduisent plutôt à admettre que la cloison se forme aussi tôt et avec la même rapidité vers le milieu que sur les bords. Elle semble naître d'une différenciation chimique du protoplasma suivant la ligne où sa scission commence à s'opérer. J'ai constaté qu'après l'établissement de cette cloison, les deux cellules filles, pourvues chacune de protoplasma et alors encore de parois cellulosiques, peuvent continuer à s'accroître pendant longtemps. Ce n'est qu'après avoir acquis leurs dimensions maxima qu'elles cessent d'être génératrices, perdent leur protoplasma et subissent simultanément la subérification chimique.

De ce fait que les cellules du liège dérivent d'une segmentation tangentielle successive, il résulte qu'elles offrent une section quadrangulaire ou voisine de cette forme; qu'elles sont rangées en files radiales et de plus en séries concentriques

(1) Cas. de Candolle, *Mém. Société physiologique et d'hist. nat. de Genève*: De la production naturelle et artificielle du liège.

(2) Sanio, Bau und Entwicklung des Korkes *in Pringsheim's Jahbucher*, II, 1859.

(3) Rauwenhoff, *Ann. sc. nat.*, 5e série, t. XII, pp. 354-357.

régulières. Lorsque le phellogène ou assise génératrice du liège forme un cercle, les cellules auxquelles il donne naissance constituent un manchon complet dont l'épaisseur peut s'accroître continuellement. Ce qui la maintient d'ordinaire à peu près constante, à partir d'une certaine limite, c'est que le liège s'exfolie à mesure qu'il se régénère.

Dans les racines, le liège tire son origine soit du parenchyme cortical, soit de la membrane périphérique du cylindre central, soit enfin, ce qui est très rare quand la plante ne dépérit pas, du parenchyme libérien secondaire.

Je laisserai provisoirement ce dernier cas de côté, me réservant d'en parler en décrivant les plantes où il se présente.

Chaque fois que j'ai constaté la production du liège dans le parenchyme cortical primaire, c'est exclusivement vers la périphérie, au-dessous de l'assise pilifère, que je l'ai vu se former (1).

La division tangentielle des cellules de l'écorce engendrant du liège est comparable à la division plus précoce de l'extrémité radiculaire qui a pour résultat la formation de la coiffe. Néanmoins, l'assise pilifère demeurant, dès qu'elle est spécialisée, indépendante de la coiffe, il n'y a entre ce dernier appareil et le liège aucune connexion anatomique. Le liège apparaît dans le parenchyme cortical tantôt à une petite, tantôt à une grande distance de la coiffe, suivant certaines conditions que je m'efforçerai de déterminer plus loin.

Lorsque le liège dérive de la membrane périphérique du cylindre central, M. Ph. Van Tieghem (2) a montré que chacune des cellules de cette assise subit vers son bord externe une

(1) Mais non pas toujours immédiatement au-dessous de la membrane pilifère ; quelquefois dans l'assise épidermoïdale, quelquefois dans les assises sous-jacentes. M. Jörgensen a observé la production de quelques cellules subéreuses dans la membrane pilifère du *Solidago*. Je n'ai point observé de fait de ce genre. Quand j'ai vu l'assise pilifère se diviser tangentiellement, c'est à un voile qu'elle a donné naissance : chez certains Anthurium, par exemple A. Miquelanum, les cellules de ce voile ne sont pas spiralées ; elles sont donc comparables aux cellules subéreuses.

(2) Mémoire sur la racine, *Ann. sc. nat.*, 5e série, t. XIII.

série de divisions tangentielles. Les cellules nées de ces cloisonnements successifs grandissent et se subérifient, tandis que l'écorce primaire s'exfolie.

J'ai cherché en quels points déterminés de cette membrane apparaissent les premières cellules subéreuses, quel est le sens de leur développement et quelle forme elles affectent dans le cas où elles procèdent de cette assise et dans celui où elles dérivent du parenchyme primaire. Mais je crois que les résultats auxquels je suis arrivé ne doivent être exposés qu'après l'examen détaillé des diverses espèces végétales sur lesquelles mes investigations ont porté.

Le *périderme* (1) n'est pas rare dans le système tégumentaire secondaire de la racine. Comme les cellules subéreuses ordinaires, il procède soit du parenchyme primaire (fig. 51 et phot. 19) soit de l'assise périphérique du cylindre central (fig. 74). J'indiquerai plus loin dans quelles conditions spéciales je l'ai vu se produire.

§ 2. — Subéroïde.

Au système du liège doit se rattacher un tissu protecteur qui est très développé chez les Monocotylédones, qui a la même nature chimique que le suber, mais dont la constitution anatomique ne présente pas cette parfaite régularité et cette disposition uniforme qui font aisément reconnaître le vrai liège. Les éléments de ce tissu ne sont point tabulaires ; souvent leur section transversale est hexagonale et leurs parois sont flexueuses ; ils procèdent les uns des autres par voie de division tangentielle çà et là interrompue par quelques cloisonnements radiaux ou obliques (fig. 52 et phot. 21, 22). Ce tissu, toujours périphérique, n'est pas accompagné de liège véritable dans les racines

(1) Les auteurs qui ont traité du liège n'ont pas tous pris le mot *périderme* dans le même sens. Je désigne sous ce nom, après Hugo Von Mohl, une ou plusieurs assises de cellules subéreuses très épaissies, formant autour des couches qu'elles recouvrent un anneau complet. Le périderme alterne souvent avec des cellules de liège à parois minces ; les couches subéreuses sont alors stratifiées. C'est dans ce cas que le mot périderme a été le plus souvent employé.

où il existe; il constitue autour de la racine un manchon qui, réduit à deux ou trois assises sous la coiffe, devient extrêmement épais dans les parties plus âgées. En raison de sa précocité, il pourrait être rapproché des tissus primaires; mais en raison de ses analogies avec le liège et de son développement qui s'effectue dans les mêmes conditions que ce tissu, c'est dans ce chapitre qu'il devait être décrit (1).

CHAPITRE II. — SCLÉRENCHYME.

J'ai montré (1re partie, 1re sect., chap. IV, § 2) que les cellules scléreuses peuvent dans certains cas faire partie du parenchyme cortical primaire de la racine. Mais plus souvent le sclérenchyme proprement dit apparaît dans le tégument comme tissu secondaire.

Il se compose alors de cellules allongées dans le sens longitudinal, effilées vers leur extrémité inférieure et leur extrémité supérieure, renflées vers leur milieu, pourvues de parois canaliculées et tellement épaissies que l'intérieur de la cellule est réduit à un très petit espace.

Généralement, ces cellules manifestent les mêmes réactions microchimiques que le suber.

Le sclérenchyme secondaire, quoique moins rare que les cellules scléreuses primaires, est peu répandu dans l'appareil tégumentaire des racines. Il dérive de la membrane périphérique du cylindre central ou du parenchyme cortical primaire, suivant la nature et le genre de vie des plantes chez lesquelles on le considère (2).

CHAPITRE III. — PARENCHYME TÉGUMENTAIRE SECONDAIRE.

Dans un grand nombre de cas dont je chercherai la loi en les examinant successivement (3), le bord interne de l'assise

(1) Les végétaux dont la racine est pourvue d'un subéroïde sont étudiés plus loin, 2e partie, 2e section, chap. II, § 2.

(2) 2e Partie, 2e section, chap. II, § 3.

(3) 2e Partie, 3e et 4e sections.

périphérique du cylindre central subit une série de divisions tangentielles *centrifuges*, d'où résulte la formation d'un parenchyme secondaire au-dessous de cette assise génératrice.

Les cellules de ce parenchyme conservent généralement des parois cellulosiques ; elles grandissent pendant longtemps, de sorte qu'il se forme quelquefois de petits méats à leurs angles ; elles sont étirées dans le sens tangentiel, par suite de l'accroissement continu du bois et du liber secondaires ; quand elles ont acquis leurs dimensions maxima, elles se divisent, et c'est le plus souvent par voie de cloisonnement radial (fig. 84) ; elles se segmentent aussi obliquement. Aussi leurs connexions originelles se trouvent-elles bientôt méconnaissables.

DEUXIÈME PARTIE. — APPAREIL TÉGUMENTAIRE DANS LA SÉRIE DES PLANTES.

Dans la première partie de ce travail, je n'ai parlé des éléments secondaires de l'appareil tégumentaire de la racine que pour les énumérer et indiquer quelles assises primaires sont susceptibles de leur donner naissance. J'ai omis à dessein de déterminer les conditions dans lesquelles ils se produisent, et les variations auxquelles ils sont soumis, parce que cette étude doit être faite dans la série des plantes; elle est en effet inséparable de l'examen des différences que présente le système vasculaire suivant qu'on le considère chez les Cryptogames, les Monocotylédones, les Gymnospermes ou les divers groupes des Dicotylédones angiospermes.

En passant en revue les principaux représentants de ces divisions, je devrai donc non seulement décrire les formations tégumentaires secondaires de leurs racines, mais aussi la façon dont se comportent, soit qu'elles entrent en activité, soit qu'elles demeurent stériles, les diverses assises primaires que j'ai signalées plus haut comme capables d'engendrer dans certains cas des tissus secondaires.

PREMIÈRE SECTION : CRYPTOGAMES VASCULAIRES.

J'ai peu de chose à ajouter à ce que l'on sait de la structure de la racine chez les Cryptogames vasculaires, ces plantes ayant été l'objet de recherches approfondies de la part de botanistes tels que MM. Caspary, Nægeli, Trécul et Ph. Van Tieghem.

L'organisation du système tégumentaire radical de ces végétaux étant aujourd'hui bien connue, je me suis efforcé d'en suivre le développement et d'observer les modifications d'origine secondaire qu'y introduisent les progrès de l'âge.

FOUGÈRES. — Chez les Fougères, la membrane périphérique du cylindre central est bien développée ; souvent même elle se compose de plusieurs assises vers les bords des faisceaux libériens.

Les cellules rhizogènes appartiennent à l'endoderme ou dernière assise de l'écorce, caractérisée par les plissements très nets de ses faces radiales. En faisant des coupes horizontales à des niveaux de plus en plus élevés sur une même racine, j'ai constaté que :

1° Dans les parties jeunes la membrane périphérique du cylindre central et toutes les cellules de l'écorce, y compris l'endoderme, sont pourvues de parois minces. La phot. 1 de l'*Aspidium violascens* en offre un exemple évident.

2° Par les progrès de l'âge, les cellules de la membrane périphérique et de l'écorce épaississent leurs parois. Cet épaississement se produit sur la paroi tangentielle interne, les parois radiales et les parois transversales des cellules, après la formation des radicelles. Il commence par la membrane périphérique du cylindre central et l'endoderme, puis progresse très rapidement dans le sens centrifuge jusqu'à la région moyenne du tégument. A partir de cette limite, il ne se poursuit qu'avec une extrême lenteur. Sur la phot. 2, qui représente le *Lastræa filix-mas* vers le milieu de la première période de l'épaississement, on peut voir qu'il s'étend suivant la direction centrifuge; il est surtout accentué au-dessus des deux faisceaux libériens ; les cellules rhizogènes de l'endoderme qui sont situées en regard des premiers vaisseaux ligneux ne s'épaississent que plus tard, après avoir engendré les radicelles; de même les assises cellulaires qui les recouvrent ne s'épaississent qu'après le passage des radicelles à travers l'écorce, ou bien, si elles se sont épaissies, la productions de radicelles n'a plus lieu.

Dans l'écorce du *Lastræa filix-mas*, on remarque deux zones : l'interne, composée de cellules arrondies à leurs angles et disposées en files radiales ; l'externe, constituée par de grandes cellules alternantes ; ces zones se développent toutes les deux dans le sens centripète : l'épaississement, dès qu'il a commencé par la région interne, ne s'en continue pas moins en direction centrifuge dans la région externe. Il est tellement rapide dans la région interne, que tandis que les cellules de la région externe ont encore des parois minces, les cavités cellulaires des éléments de l'endoderme et des assises recouvrantes n'existent pour ainsi dire plus.

J'ai observé ces phénomènes sur les espèces suivantes : *Aspidium violascens*, *Lastræa filix-mas*, *Pteris arguta*, *Struthiopteris germanica*, *Scolopendrium officinarum*, *Angiopteris evecta*.

Cette dernière espèce, si remarquable par ses canaux à gomme et ses cellules à tannin, a été très soigneusement décrite par M. Van Tieghem (1). J'ajouterai seulement que dans les parties âgées de racines demeurées assez grêles, toutes les assises cellulaires de l'écorce subissent un notable épaississement : souvent la zone externe présente une extraordinaire irrégularité dans la disposition de ses cellules, ainsi que la phot. 1 en fait foi. Ces cellules sont toujours plus étendues dans le sens longitudinal que dans le sens transversal.

L'assise pilifère se cutinise peu au-dessus de la *coiffe* lorsque la racine possède dès le début un fort diamètre. La *coiffe*, longue d'environ 3 millimètres, se subérifie complètement.

(1) Mém. sur la racine, *Ann. sc. nat.*, 5e série, t. XIII, pp. 70 et suiv.

Cette modification chimique atteint bientôt l'assise pilifère, qui, si la racine est suffisamment grosse, s'exfolie rapidement. Dès lors les assises sous-jacentes, se cloisonnant régulièrement en direction tangentielle, engendrent un anneau de liège centripète autour de la racine.

Je n'ai jamais observé de liège dans les racines grêles des fougères ci-dessus mentionnées; j'en ai toujours observé dans les *grosses* racines de l'*Angiopteris evecta*. Ce liège se forme à la périphérie du parenchyme cortical.

ÉQUISÉTACÉES. — Les racines des Équisétacées sont très petites, ces plantes étant pourvues d'un long rhizome.

M. Ph. Van Tieghem a décrit (1) d'une façon très précise la structure de la racine de l'*Equisetum arvense*.

J'ai constaté une organisation semblable chez l'*Equisetum telmateya*, qui diffère de l'*E. arvense* par quelques particularités de l'appareil tégumentaire. Le dessin que j'en donne (fig. 30) fait voir que l'assise à cloisons radiales plissées a ses cellules en parfaite concordance anatomique avec les deux assises qui la limitent, l'une à l'extérieur, l'autre à l'intérieur. Les vaisseaux ligneux s'appuient immédiatement contre cette dernière membrane, ce qui rend indubitable l'absence d'une membrane périphérique.

Chez l'*E. telmateya* les caractères de la zone interne du parenchyme cortical sont les mêmes que chez l'*E. arvense*, cette zone étant formée de grandes cellules régulièrement disposées en séries radiales et en séries longitudinales, qui laissent entre elles des méats quadrangulaires.

Quant à la zone externe, M. Van Tieghem en a représenté les éléments chez l'E. arvense comme pourvus de minces parois et réduits à deux ou trois assises très régulièrement alternantes, l'externe étant pilifère. Au contraire, chez l'*E. telmateya*, cette zone acquiert une importance plus considérable : d'une assise à l'autre, les cellules y alternent bien, mais avec moins de régularité, quelques-unes présentant des divisions tangen-

(1) Mémoire sur la racine, *Ann., sc. nat.*, 5e série, t. XIII, p. 77.

tielles qui leur donnent le caractère de cellules subéreuses. En outre, les parois de l'assise pilifère et de la première assise du parenchyme cortical sont plus épaisses que celles des autres assises et fortement brunies ; cette coloration rend difficile la détermination de leur nature chimique. Je crois cependant pouvoir dire qu'elles sont subérifiées, du moins à en juger par les réactions qu'elles manifestent quand on les traite, soit par la potasse, soit par l'acide azotique, soit enfin par le chloroiodure de zinc.

Les cellules à cloisons tangentielles et sans méats que je viens de signaler dans la seconde ou la troisième assise du parenchyme cortical sont ordinairement rangées sur la même circonférence dans les parties les plus âgées de la racine (fig. 30, 33) ; elles n'y constituent qu'un anneau çà et là interrompu, et ce n'est que par places isolées qu'elles forment deux ou trois assises. Elles ne représentent donc véritablement qu'un liège rudimentaire.

Bien que les racines des *Equisetum* aient de très faibles dimensions, il arrive cependant que dans leurs parties les plus âgées le parenchyme cortical se déchire et laisse ainsi des lacunes entre ses éléments.

Dans la tige ou le rhizome, les lacunes du parenchyme cortical sont beaucoup plus considérables et d'une parfaite régularité. On voit aussi que les cellules hypodermiques qui renforcent l'épiderme dans la tige n'existent point dans la racine.

Marsiléacées. — J'ai à répéter pour les Marsiléacées ce que j'ai dit de l'épaississement des parois cellulaires chez les Fougères. Voici dans quelles conditions il s'opère chez le *Marsilea quadrifolia* (fig. 28, 31, 39, phot. 4).

A l'extérieur se trouve une assise pilifère composée de petites cellules dont quelques-unes se prolongent en poils. Au-dessous, la zone corticale externe est réduite à une seule assise de grandes cellules. La zone interne se compose de plusieurs assises de grandes cellules amylifères qui laissent entre elles des méats quadrangulaires, et dont les dimensions diminuent de dehors en dedans. La plus interne de ces assises corticales est l'endoderme : c'est d'elle que procèdent toutes les autres par voie centripète. Le dédoublement successif de cette membrane est très régulier. La figure 28 en représente un exemple bien net.

C'est l'endoderme qui contient les cellules rhizogènes ; la membrane périphérique du cylindre central et l'endoderme ne s'épaississent qu'à la suite de la formation des radicelles. L'épaississement porte sur les parois tangentielle-interne, radiale, transversale, de chaque cellule dans la zone moyenne de l'écorce. On peut en suivre le progrès sur les figures 28, 31, et 39. Cet épaississement se poursuit dans le sens centrifuge.

Les racines de *Marsilea quadrifolia* sont toujours grêles ; je n'y ai jamais observé de liège.

Lycopodiacées. — Le système tégumentaire des Lycopodiacées ayant été maintes fois décrit par de sagaces observateurs, je me suis borné à le représenter par la phot. 5, pour montrer que l'épaisseur des parois des cellules qui le constituent augmente à mesure que ces cellules se rapprochent de la périphérie. C'est surtout à leurs angles que ces cellules sont épaissies : elles offrent sous ce rapport le caractère d'un collenchyme peu prononcé.

RÉSUMÉ

Le rapide exposé qui précède montre que les cellules de la zone interne du parenchyme cortical de la racine des Cryptogames vasculaires tendent généralement à s'épaissir ; cet épaississement commence par la dernière ou l'avant-dernière assise corticale ou même par la membrane périphérique du cylindre central et s'étend en direction centrifuge : il a lieu en regard des faisceaux libériens avant de se produire en regard des faisceaux ligneux, les cellules rhizogènes situées au-devant de ces derniers faisceaux et les éléments parenchymateux voisins conservant assez longtemps des parois minces.

Il faut aussi retenir des travaux de M. Van Tieghem sur les Cryptogames vasculaires, et de l'examen précédent, que chez ces plantes le liège procède de l'une des assises externes du parenchyme cortical. On ne connaît point d'exemple de tissu secondaire issu soit de l'endoderme, soit de la membrane périphérique du cylindre central chez les Cryptogames vasculaires.

DEUXIÈME SECTION : MONOCOTYLÉDONES.

Chez les Monocotylédones, le système vasculaire étant purement primaire, le cylindre central ne subit point d'extension et l'écorce n'est pas exfoliée. Aussi peut-elle être le siège de formations secondaires que je décrirai après avoir exposé la constitution de l'assise périphérique du cylindre central et de l'endoderme, ces assises revêtant des caractères particuliers chez les végétaux de cet embranchement.

CHAPITRE Ier. — Assise périphérique et endoderme.

L'assise périphérique du cylindre central contient les cellules rhizogènes chez les Monocotylédones ; elle est ordinairement continue. Chez les Graminées cependant elle n'existe qu'en regard des faisceaux libériens, les faisceaux ligneux étant directement recouverts par l'endoderme. C'est donc en regard des éléments libériens que les radicelles se développent chez les Graminées ; au contraire, chez les autres Monocotylédones qui ont été étudiées sous ce rapport, les cellules rhizogènes sont toujours situées au-devant des faisceaux ligneux.

La membrane périphérique fait quelquefois défaut dans les radicelles extrêmement grêles : c'est ce que l'on remarque chez les Pontédériacées (ex. : *Pontederia crassipes*).

Cette membrane reste ordinairement simple ; toutefois, au niveau de l'insertion des radicelles, il arrive que les cellules voisines des éléments générateurs se multiplient par voie de cloisonnement tangentiel, de façon à permettre au cylindre central de s'élargir en cette région.

Chez le *Monstera repens* la membrane périphérique est souvent séparée des faisceaux par deux ou même trois assises cellulaires alternes. Chez quelques plantes, les *Smilax*, le *S. Sarsaparilla*, et notamment le *S. excelsa*, elle est séparée du système vasculaire par un certain nombre d'assises conjonctives dont les cellules sont en concordance avec les siennes ; en suivant le développement de la racine, j'ai constaté que l'existence de ces assises est antérieure à l'apparition de faisceaux (fig. 34) et à la différenciation de l'endoderme ; je ne me crois donc pas autorisé à dire que la membrane périphérique se divise après avoir acquis sa constitution d'assise rhizogène.

Les cellules des assises multiples qui recouvrent les faisceaux chez le *Smilax excelsa* s'épaississent considérablement et se canaliculisent (fig. 27). Le manchon protecteur qu'elles forment autour du système vasculaire constitue donc une zone très importante de l'appareil tégumentaire.

L'épaississement des éléments de la membrane périphérique est, dans tous les cas où je l'ai observé, concomitant de l'épaississement des cellules endodermiques. En général, ces cellules sont plus grandes que celles de la membrane périphérique : ex. : *Oporanthus luteus* (fig. 38), *Phœnix zanzibar*, *Iris germanica*, (fig. 41), *Pontederia crassipes* (fig. 23), *Lilium superbum* (fig. 32).

Plus encore que ces dernières, elles tendent à épaissir leurs parois. Aussi, tandis que chez les *Typha* les éléments de l'assise périphérique sont pourvues de minces parois, les cellules de l'endoderme sont au contraire fortement épaissies sur leurs faces radiales, leur face tangentielle interne, qui est convexe, et leur face transversale. Chacune d'elles, vue sur une coupe transversale, présente par suite la forme d'un petit fer à cheval dans les parties suffisamment âgées, ainsi que le montre la figure 25. Chez plusieurs Palmiers, tels que le *Caryota urens* (fig. 37), la membrane périphérique restant mince, l'endoderme se compose d'éléments tabulaires dont la paroi tangentielle externe est la seule qui ne s'épaississe pas. Les autres faces sont non seulement épaissies, mais aussi subérifiées, ainsi que je l'ai reconnu par l'emploi des réactifs ordinaires. Il en est de même chez beaucoup de Liliacées : ainsi dans la racine du *Lilium superbum* (fig. 32) les parois de l'assise périphérique restent minces, pendant que toutes les cellules cubiques de l'endoderme s'épaississent uniformément à mesure qu'elles vieillissent. Chez d'autres Liliacées, l'épaississement porte sur toutes les faces, excepté sur la face tangentielle externe; or, comme la paroi tangentielle interne est convexe en dehors, la cellule offre sur les coupes transversales l'apparence d'un fer à cheval ; c'est ce qu'on voit chez le *Phalangium humile* (fig. 45). Chez les Smilacées, l'endoderme affecte cette forme de fer à cheval à parois énormément épaissies (ex. : *Smilax sarsaparilla* (fig. 36), avant que les cellules de l'assise périphérique du cylindre central se soient elles-mêmes épaissies. Cette disposition est non moins évidente chez les Iridées, ex.: *Iris germanica* (fig. 41).

J'ai dit que chez les *Smilax* et particulièrement le *S. excelsa* les assises du cylindre central qui entourent les faisceaux subissent un très fort épaississement. Il en est de même des éléments endodermiques de cette plante (fig. 27). Ce sont de très grandes cellules, allongées dans le sens du rayon ; en s'épaississant elles prennent chacune la forme d'un fer à cheval ; puis, par les progrès de l'âge, leur paroi tangentielle externe s'épaissit aussi, de sorte que leur cavité intérieure primitivement remplie de protoplasma se rétrécit de plus en plus et finit par ne plus constituer qu'un très petit espace d'où toute matière protoplasmique disparaît. Les cellules manifestent alors dans leur totalité les réactions chimiques de la cutine.

Les parois de ces éléments épaissis présentent une stratification très remarquable : en employant un grossissement de cinq à six cents diamètres, on y distingue nettement une série de lamelles concentriques traversées par des canalicules rayonnants (fig. 27).

De semblables canalicules s'observent dans les cellules endodermiques des *Ruscus*, du *Smilax sarsaparilla*, des *Iris*, et en général dans les cellules en fer à cheval. Ils y sont ordinairement rectilignes et uniformément distribués.

Au contraire, chez le *Smilax excelsa*, chez lequel les cellules endodermiques atteignent des dimensions énormes, les canalicules sont surtout localisés dans la région interne de ces cellules et, au lieu d'y être rectilignes, ils affectent la forme d'arcs de grands cercles excentriques. Ils communiquent avec ceux que j'ai décrits dans la membrane périphérique et les assises sous-jascentes chez le *Smilax excelsa*.

En opposition à ces exemples, on peut citer un certain nombre d'espèces monocotylédones chez lesquelles l'endoderme, à moins d'être très âgé, conserve des parois relativement peu épaisses dans toute son étendue. Ces espèces appartiennent à différentes familles monocotylédones : tels sont, parmi les Liliacés vraies, les Asphodèles et les Dracæna; parmi les Asparaginées, l'*Asparagus officinalis;* parmi les Amaryllidées, l'*Oporanthus luteus* (fig. 38) et les *Imantophyllum*; les Pandanées en général (fig. 54); parmi les Palmiers, les *Phœnix;* parmi les Musacées, le *Strelitzia angusta;* parmi les Aroïdées, les *Raphidophora*, les *Monstera*, le *Calla palustris* (fig. 19) ; parmi les Pontédériacées, le *Pontederia crassipes* (fig. 23); etc. Chez ces plantes, l'assise périphérique du cylindre central se compose uniquement de cellules à parois minces.

Nombreuses aussi sont les espèces chez lesquelles l'endoderme et la membrane périphérique s'épaississent simultanément. Dans ce cas, fréquent, d'après mes observations, chez les espèces à racines aériennes, l'épaississement n'est généralement pas complet. Ainsi, lorsqu'on fait une coupe transversale d'une forte racine de *Vanilla aromatica* (phot. 15 et 16), on remarque dans l'endoderme et la membrane sous-jacente une alternance très régulière d'arcs de cellules épaisses et d'arcs de cellules à parois minces. Les arcs épais de l'endoderme sont superposés aux arcs épaissis de l'assise périphérique; ces arcs sont situés en regard des faisceaux libériens, lesquels se trouvent ainsi protégés à l'extérieur, tandis qu'ils le sont à l'intérieur et sur les côtés par la fibrification du tissu conjonctif environnant. On conçoit que les arcs à parois minces soient ceux qui recouvrent les faisceaux ligneux, puisque c'est en regard de ces faisceaux que se forment et se développent les radicelles.

J'ai surtout mis cette disposition en évidence en traitant les coupes transversales par une solution moitié alcoolique moitié aqueuse de fuchsine : toute la préparation s'imprègne de matière colorante : si je la plonge alors dans l'alcool absolu, la fuchsine déposée sur les membranes cellulosiques s'y dissout, tandis que celle qui imprègne les parois subérifiées continue à les colorer en rouge. On voit très nettement ainsi que les faisceaux libériens de *Vanilla* sont protégés à l'extérieur par deux assises de cellules épaissies et véritablement cutinisées. Au-dessus du liber, les cellules de la membrane périphérique sont arrondies et uniformément épaissies, tandis que seule la paroi tangentielle interne des cellules endodermiques qui les recouvre est fortement épaissie et cutinisée; les autres faces de ces cellules demeurent longtemps minces; c'est seulement dans les parties très âgées que leurs parois radiales et leur paroi transversale subissent un notable épaississement. La paroi tangentielle externe demeure mince et cellulosique.

Les *Vanda* présentent une organisation comparable à celle que je viens de décrire; chez les *Epidendron* (fig. 12) il y a bien une alternance régulière d'arcs épais et d'arcs minces comme chez la Vanille, mais avec cette différence que les arcs épaissis sont de beaucoup les plus considérables et que les cellules épaissies de l'endoderme le sont uniformément sur toutes leurs faces.

J'ai constaté une disposition analogue chez les *Anthurium* (fig.21); seulement, chez ces plantes, ce sont les arcs minces qui sont les plus étendus.

Chez les *Philodendron* (fig. 35), l'alternance des deux sortes d'arcs est surtout sensible dans les racines dont tous les vaisseaux ligneux ne sont pas encore complètement développés, parce que dans les parties plus âgées les cellules de l'assise périphérique et celles de l'endoderme qui sont situées en regard des faisceaux ligneux s'épaississent eux-mêmes.

On voit donc que *chez les Monocotylédones, l'endoderme et la membrane périphérique du cylindre central sont susceptibles d'épaississement, ces assises n'étant point génératrices de tissus secondaires, lorsqu'elles ont acquis leurs caractères propres. L'épaississement a surtout pour but de protéger les faisceaux libériens.* Les cellules rhizogènes qui, chez les Graminées, sont situées au-dessus des premiers vaisseaux ligneux, conservent généralement des parois minces, ou, si elles s'épaississent, ce n'est du moins qu'en perdant leurs propriétés génésiques.

CHAPITRE II. — Tissus secondaires du tégument.

Le liège (avec ou sans périderme), le subéroïde et le sclérenchyme (1) sont les seuls tissus secondaires dont j'aie constaté la formation dans l'appareil tégumentaire des racines chez les Monocotylédones.

C'est toujours dans la zone externe du parenchyme cortical primaire que je les ai vus se produire.

§ 1. — Liège.

Il était intéressant de déterminer la position de l'assise parenchymateuse génératrice du liège, la forme des cellules subéreuses, le sens suivant lequel elles se produisent et le niveau auquel elles apparaissent. Pour y arriver, j'ai étudié les racines des principaux représentants des divers groupes de Monocotylédones et, dans chaque famille, j'ai surtout porté mon attention sur les espèces qui diffèrent le plus par le genre de vie ; enfin, pour chacune de ces espèces, j'ai voulu examiner les racines aux divers stades de leur développement et à des états qui différassent le plus possible l'un de l'autre.

Cette méthode m'a permis de reconnaître les faits suivants

A. *Position du phellogène.* — La position de l'assise parenchymateuse génératrice du liège varie selon les espèces. C'est fréquemment la membrane épidermoïdale qui se divise pour

(1) J'ai montré qu'il existe aussi un sclérenchyme primaire; 1re partie, 1re section, chap. IV, § 2.

engendrer le suber : exemple : *Monstera repens* (fig. 44); mais, ainsi que je l'ai déjà fait remarquer (1), dans bien des cas cette assise et celle qu'elle recouvre ont leurs parois cutinisées, et c'est seulement la troisième ou la quatrième assise, située au-dessous de la membrane pilifère, qui donne naissance aux éléments secondaires : il en est ordinairement ainsi dans la racine des Iris (fig. 40 et 43), des Asphodèles (fig. 46 et 49), des Philodendrons (fig. 47 et 48), *Scindapsus*, *Raphidophora*, etc.

Enfin, lorsque la racine est pourvue d'un voile, ce voile, comme je l'ai constaté au chap. I (1re partie), est toujours le résultat d'une division très précoce de la membrane pilifère; et alors, ou il ne se forme pas de liège, — cas fréquent chez les Vandées et les Épidendrées; — ou, s'il s'en produit, c'est seulement dans la première assise parenchymateuse recouverte par la membrane *épidermoïdale* que je l'ai observé (exemple : *Imantophyllum*, fig. 50).

Cet examen, qui a porté sur environ 50 espèces appartenant à 25 genres différents, me conduit à conclure que

L'assise génératrice du liège est généralement la plus extérieure des assises parenchymateuses dont les parois sont restées minces et cellulosiques.

Il convient cependant d'ajouter que parfois les assises sous-jacentes deviennent simultanément génératrices d'éléments subéreux. Les files radiales que ces éléments constituent se trouvent donc çà et là interrompues, comme je l'ai quelquefois observé chez le *Caryota urens*. Ce phénomène est d'ailleurs assez rare et n'offre point de constance chez la même espèce.

Enfin, le rang de l'assise phellogène varie chez la même espèce selon le niveau où se forme le liège, parce que, comme je l'expliquerai plus loin, les assises externes du parenchyme cortical peuvent se trouver ou cutinisées ou exfoliées, suivant le diamètre transversal de la racine.

B. *Forme des cellules subéreuses.* — M. Rauwenhoff, qui a

(1) 1re partie, sect. 1, chap. II, § 1.

beaucoup étudié les cellules subéreuses dans la tige des Dicotylédones (1), en distingue de deux formes : les cellules *cubiques* et les cellules *tabulaires*.

J'adopte volontiers ces deux types souvent bien caractérisés, mais je dois faire remarquer qu'ils sont reliés par une multitude de transitions.

La forme à peu près cubique est celle du plus grand nombre des cellules subéreuses chez les Monocotylédones. Cependant ces cellules sont en général un peu plus grandes dans le sens longitudinal que dans le sens transversal. La section transversale de chaque cellule est rectangulaire ; sur la section longitudinale tangentielle les parois transverses sont un peu obliques.

En général, tant que les parois de ces cellules sont minces, elles sont blanches (exemple : Asphodèles). Elles jaunissent lorsqu'elles sont épaisses : (exemples : *Raphidophora*, *Philodendron*).

Les cellules cubiques constituent ordinairement un manchon de plusieurs assises superposées, exemple : *Raphidophora* (phot. 19), *Asphodelus* (phot. 18). Au contraire, les *cellules tabulaires* ne forment guère que des assises isolées, séparées par plusieurs couches de cellules cubiques très épaissies formant un véritable péridermc ; leurs parois sont presque toujours colorées en jaune ou en brun : exemple : périderme du *Scindapsus pertusus* (fig. 51).

C. *Sens de la formation des cellules subéreuses.* — M. Sanio (2) distingue cinq sens suivant lesquels le liège peut se former dans les tiges :

Sens.........	centripète..............	simple.
		intermédiaire.
	centrifuge..............	simple.
		réciproque.
		intermédiaire.

(1) Observations sur les caractères et la formation du liège dans les Dicotylédones, *Ann. sc. nat.*, 5e série, t. XII, pp. 351-354, 1869,

(2) *Loc. cit.*

La formation est *centripète simple* lorsque la cellule fille se partage en deux autres cellules, dont l'inférieure reste seule génératrice, et ainsi de suite.

Dans le cas de la formation *centrifuge simple*, c'est la cellule recouverte qui se subérifie, et la dernière cellule externe qui demeure génératrice.

Il est toujours facile de distinguer ces deux modes. Dans le premier, la grandeur des cellules subéreuses en voie de formation diminue à mesure que l'on se rapproche du grand axe de l'organe. On conçoit, en effet, que les parois tangentielles soient d'autant moins éloignées les unes des autres que les cellules sont plus jeunes, puisque, ainsi que je l'ai dit plus haut, les cellules jeunes sont seules génératrices. Il en résulte aussi que l'épaisseur des parois cellulaires augmente en raison même de la distance qui les sépare de la région active.

C'est exactement le contraire que l'on remarque dans le mode centrifuge simple.

Quant aux modes *centripète intermédiaire*, *centrifuge réciproque*, *centrifuge intermédiaire*, distingués par M. Sanio, d'après la façon dont se comportent les deux cellules filles lorsqu'elles sont toutes deux génératrices, mais à des degrés divers, M. Rauwenhoff les néglige, en faisant remarquer (1) :

1° Qu'il est le plus souvent impossible de les déterminer exactement ;

2° Qu'ils n'ont qu'une très médiocre valeur, puisqu'ils peuvent varier chez la même espèce, ou, qui plus est, suivant les saisons, chez la même plante : dans la tige du *Viburnum opulus*, par exemple.

La critique de M. Rauwenhoff est, d'après mes observations, applicable au liège des racines : elle me paraît néanmoins un peu trop générale. J'ai constaté, en effet, que dans bien des cas la formation centripète simple et la formation centripète intermédiaire sont chacune très nettes. J'ai fréquemment trouvé chez le *Raphidophora pinnata* un exemple de la pre-

(1) Rauwenhoff, *loc. cit.*

mière (phot. 19) et reconnu la seconde dans les racines des Asphodèles qui ne comptaient qu'un très petit nombre d'assises subéreuses (fig. 49). Mais je dois dire qu'il est rare de rencontrer l'un de ces modes isolé et pur de tout mélange dans la racine des Monocotylédones. Le plus souvent, au contraire, ils se combinent, et ce d'une façon irrégulière ; c'est-à-dire que la même formation subéreuse présente des alternances variables d'accroissement centripète intermédiaire et d'accroissement dans la direction simplement centripète.

Comme exemple de ce mode composé, que je désignerai sous le nom de *centripète irrégulier*, je puis citer le liège qui se forme dans le parenchyme cortical des tubercules de l'*Asphodelus europeus* (fig. 46). Ce tissu y est d'abord centripète intermédiaire, puis il progresse dans la direction centripète simple; après quoi reparaît le sens centripète intermédiaire, le nombre des assises subéreuses formé suivant chacun de ces deux modes pouvant varier considérablement.

Il est vrai que les racines d'une même espèce n'offrent pas toujours uniformément l'un des trois modes dont je viens de parler, mais tantôt l'un, tantôt l'autre. C'est ainsi que sur des coupes différentes relatives au *Raphidophora pinnata*, on voit, dans le premier cas, un liège centripète simple ; dans le second, un liège centripète intermédiaire, qui se continue d'ordinaire dans la direction que j'ai appelée centripète irrégulière.

Ce mode est celui que présentent la plupart des Iridées (fig. 40, 43), des Liliacées, des Amaryllidées (ex. : *Imantophyllum*, fig. 50), et des Aroïdées. Chez les *Philodendron*, la formation subéreuse débute dans le sens centripète-simple (fig. 47, 48), mais elle devient ensuite centripète irrégulière.

D. *Niveau de la formation du liège.* — Il est rare que l'assise génératrice du liège commence à engendrer ce tissu au même moment sur toute son étendue. Le plus souvent cette formation est locale et s'étend circulairement sur chacun des côtés de la région où elle a débuté, de façon à constituer enfin un cercle générateur complet.

Il peut même arriver, lorsque la racine est grêle, que le liège y reste localisé dans une seule région. Il en est souvent ainsi chez l'*Iris germanica*.

Mais dans la plupart des cas, lorsqu'on constate l'existence du liège dans la racine d'une plante monocotylédone, c'est sous forme d'un manchon périphérique et continu qu'on l'y observe.

Cet anneau de liège se produit dans le parenchyme cortical, tantôt à une petite, tantôt à une grande distance de la coiffe. Je me suis souvent demandé à quelle cause devaient être attribuées les variations considérables que j'observais sous ce rapport ; et ce n'est qu'après m'être livré à une analyse très minutieuse que je suis parvenu à distinguer ces trois sortes d'influences : la nature du végétal, c'est-à-dire l'espèce à laquelle il appartient, le diamètre transversal de la racine, et le milieu physique où elle vit.

Pour mettre en lumière la première de ces influences il suffit de comparer entre elles des racines terrestres de même grosseur appartenant à des espèces différentes, telles que : *Æchmæa Ludmanni*, *Iris germanica*, *Oporanthus luteus*, *Agave glauca*, *Smilax excelsa*, *S. sarsaparilla*, *Ruscus aculeatus*, *Asphodelus europæus* et *Lilium superbum*. Si l'on fait une coupe transversale d'une racine grêle d'*Asphodelus europæus* au niveau où le liège commence à se former, on reconnaît que les coupes de même diamètre et de même niveau faites sur les autres espèces ne présentent aucune trace de production subéreuse. De même, sauf dans l'Asphodèle, les coupes d'égal diamètre faites au niveau où apparaissent chez l'*Iris germanica* et le *Lilium superbum* les premiers éléments du liège, n'offrent pas chez les autres espèces une cellule de ce tissu.

Je n'en ai même jamais rencontré dans les racines de l'*Oporanthus luteus*, qui restent toujours grêles, alors que j'en trouvais de très bien développées dans des racines de grosseur identique appartenant à d'autres espèces de Monocotylédones. L'influence de la nature de la plante est donc évidente. On peut à ce sujet multiplier les exemples, faire porter l'observation sur les racines aériennes : le résultat est le même dans tous les cas.

D'autre part, chaque fois que, considérant une série d'espèces, j'ai comparé entre elles les racines aériennes et les racines terrestres d'un même végétal, c'est toujours à égalité de diamètre sur les premières que j'ai trouvé le liège plus précoce et plus abondant. Je dois cependant dire que la grandeur de cette différence n'est pas constante : quelquefois même elle est peu sensible. J'ai souvent remarqué une alternance assez régulière de zones *péridermiques* (fig. 51) dans le liège des racines aériennes. Je n'en ai point trouvé dans les racines terrestres des Monocotylédones. C'est surtout sur les Aroïdées des serres du Muséum (*Philodendron hastatum*, *micans*, *Houlletianum*, *Rudgeanum*, *crinipes* et *lacerum* ; plusieurs *Tornelia*, *Raphidophora* et *Scindapsus*) que j'ai fait ces observations.

Celle qui suit me paraît décisive. J'ai dit que l'*Imantophyllum miniatum* possède des racines adventives qui, après avoir poussé dans l'air, continuent à grandir en s'enfonçant dans le sol ; j'ai de plus fait remarquer que ces racines sont pourvues d'un voile et que le liège quand il existe dans ces racines dérive de la première assise parenchymateuse recouverte par la membrane épidermoïdale, sous-jacente au voile. Or, lorsque sur un tronçon de racine ayant à peu près partout le même diamètre je constatais la formation d'un manchon subéreux au-dessous de l'assise épidermoïdale dans la région aérienne de ce tronçon (fig. 50), la région souterraine en était au contraire complètement dépourvue. Je n'en ai même jamais trouvé dans la portion terrestre des grosses racines d'*Imantophyllum*, tandis que les parties aériennes de même diamètre en présentaient et en abondance. Peut-être en eussé-je découvert jusque dans la région souterraine, si j'avais pu disposer des plus grands individus cultivés au Muséum, l'influence du diamètre étant, comme je vais le montrer bientôt, considérable. Quoi qu'il en puisse être à cet égard, le fait que je viens de citer témoigne de la tendance du liège à se mieux développer dans l'air que dans le sol. Le voile lui-même accuse plus nettement les réactions chimiques du suber quand il appartient à la région aérienne que lorsqu'il est enfoncé en terre (1).

Enfin, si aux parties aériennes des grosses racines d'*Imantophyllum* où le liège commence à se former on compare les parties également aériennes des racines grêles de la même plante, on ne trouve pas de tissu subéreux dans ces dernières.

Les faits de ce genre offrent une grande généralité chez les Monocotylédones ; on en jugera par les exemples ci-après.

En suivant le développement des racines aériennes du *Scindapsus pertusus*, on reconnaît que sur les racines grêles, si longues soient-elles, l'assise pilifère subsiste ; au-dessous d'elle on ne trouve pas de liège. Au contraire, dès que la racine acquiert une forte dimension transversale, la membrane épidermoïdale se cutinise fortement et l'assise sous-jacente subit, environ vers un demi-centimètre au-dessus de la coiffe, une série de divisions tangentielles qui donnent naissance à un manchon continu de liège ; si la racine s'allonge, ce manchon s'allonge également, et ainsi, la membrane pilifère s'exfoliant tandis que le liège se forme, c'est ce dernier tissu qui protège le membre à l'extérieur.

Lorsque sur la même racine on fait une coupe transversale à un niveau supérieur à celui où elle a commencé à organiser du liège, il peut bien arriver que l'on n'en découvre pas, mais qu'au contraire on y rencontre une assise pilifère et une membrane épidermoïdale parfaitement intactes.

Si cette partie, qui peut être très éloignée du sommet, s'épaissit suffisamment dans le sens transversal, l'assise pilifère, incapable de se prêter à l'extension des tissus, meurt et tombe.

La membrane épidermoïdale fait alors pendant quelque temps fonction d'épiderme, puis elle finit par s'exfolier. Cependant l'assise qu'elle recouvre se cloisonne dans le sens tangentiel et engendre ainsi une épaisse zone subéreuse entremêlée de périderme (fig. 51).

(1) 1re partie, sect. I, chap. I, § 2.

La racine du *Scindapsus pertusus* présente donc deux lièges, dont l'un se forme, si la racine est suffisamment épaisse, tout près de la coiffe, et l'autre à une distance quelconque du sommet, lorsque la racine, restée longtemps grêle, vient à s'épaissir considérablement.

Ces phénomènes ne sont pas particuliers à l'espèce dont je viens de parler; ils sont très fréquents chez les Monocotylédones. Je les ai suivis chez le *Scindapsus*, les *Raphidophora angustifolia* et *pinnata*, le *Tornelia fragrans*, les *Monstera Adansonii, repens, Surinamensis* et *Argyreia*. J'ai reconnu aussi que chez les Philodendron les racines aériennes grêles peuvent acquérir une très grande longueur sans perdre pour cela leur membrane pilifère ni présenter du liège au-dessous; tandis qu'elles organisent ce tissu à une très faible distance de leur sommet lorsque leur diamètre transversal est assez grand.

Il en est ainsi du reste dans les racines terrestres. L'épaisseur même du manchon subéreux y est subordonnée à la grosseur de la racine : ce dont il est facile de se convaincre en comparant les tubercules de l'*Asphodelus Europæus* aux radicelles de la même plante.

Cette influence du diamètre transversal explique pourquoi beaucoup d'espèces monocotylédones dont les racines sont toujours grêles ne présentent point de liège dans ces membres : c'est ainsi que je n'en ai jamais trouvé chez l'*Oporanthus luteus*, le *Festuca diuruscula*, le *Triticum vulgare*, le *Secale cereale*, l'*Hordeum murinum*, l'*Avena sativa*, et beaucoup d'autres plantes. Peut-être réussirait-on à découvrir du liège dans les racines de ces végétaux, si l'on en obtenait d'assez grosses.

§ 2. — Subéroïde.

Il existe entre le liège et le subéroïde dont j'ai ci-dessus défini les caractères (1) de nombreuses transitions. Mais, comme c'est le plus haut degré de différenciation auquel un

(1) 1re partie, sect. II, chap. I, § 2.

tissu puisse atteindre qui doit servir à le distinguer, je le décrirai d'abord chez l'*Asparagus officinalis*.

Chez cette espèce (fig. 52 et phot. 21) se trouve, entre la membrane pilifère et le parenchyme à parois minces et cellulosiques un tissu composé de grandes cellules dont les parois sont subérifiées et relativement épaisses. La plupart de ces cellules sont rangées en séries linéaires obliques, les cloisons qui les séparent d'une assise à l'autre étant perpendiculaires à la direction de chaque file; mais cette disposition est très irrégulière : les files obliques sont en effet souvent interrompues par la division de quelques cellules dans le sens radial ou dans un sens perpendiculaire à celui suivant lequel s'effectue le cloisonnement le plus fréquent.

La formation de ce tissu est très précoce; elle commence sous la coiffe-même. Aussi ai-je d'abord été tenté de le considérer comme représentant la partie périphérique de la zone externe du parenchyme cortical. Mais, en suivant le développement, en remarquant le parallélisme des cloisons de multiplication de la plupart de ses cellules, c'est au système des tissus subéreux que j'ai été conduit à le rattacher. J'ajouterai que l'association de ses éléments rappelle tout à fait celle du voile des Épidendrées, qui dérive, ainsi que je l'ai dit, d'une assise unique, la membrane pilifère : chez l'*Asparagus officinalis*, c'est de l'assise épidermoïdale que procède le subéroïde. Le *Typha latifolia* présente l'exemple d'un subéroïde très développé et tout à fait comparable à celui des *Asparagus* (fig. 25) (1).

Les cellules de ce tissu constituent, chez cette espèce, chacune un prisme droit à base hexagonale. Les coupes transversales successives, les coupes axiales et les coupes longitudinales tangentielles montrent que les files obliques de ces prismes sont disposées, lorsqu'on les suit dans le sens de la longueur de la racine, suivant des spires parallèles. Ainsi le manchon de

(1) Le rhizome du *Typha latifolia* offre un subéroïde du même genre, encore plus développé que dans la racine,

tissu subéroïde dont ce membre est entouré est comparable à la paroi d'un cylindre creux qui aurait été fortement tordu.

Le liège des Monocotylédones offre fréquemment une disposition analogue ; en effet, sur les coupes axiales et les coupes longitudinales-tangentielles, les parois transversales de ses éléments, toutes parallèles entre elles, sont le plus souvent obliques et non perpendiculaires au grand axe de la racine. Mais ce caractère est beaucoup plus prononcé dans le subéroïde que dans le vrai liège.

C'est chez le *Phœnix Zanzibar*, le *Phœnix dactylifera*, e surtout le *Strelitzia augusta*, que j'ai trouvé le subéroïde qu se rapproche le plus du liège. Les cellules dont il est form ont sur leur coupe transversale, qui est hexagonale, leur plu grande dimension dans le sens tangentiel ; elles sont courtes dans le sens radial. La figure 53 montre l'agencement de ces cellules chez le *Strelitzia augusta* : on voit qu'il diffère peu de celui des cellules du vrai liège. Il en est à peu près de même du subéroïde des Pandanées, par exemple du *Pandanus steno phyllus* (54).

Au contraire, chez le *Phalangium humile*, l'*Aletris fragrans*, les *Dracæna Draco*, *Cærulea*, *Marginata*, *fructicosa* et *reflexa*, les cellules du subéroïde ont un tout autre caractère : sur les coupes transversales, leurs parois tangentielles externes sont très convexes au dehors, tandis que leurs parois radiales sont flexueuses et incurvées vers l'intérieur de la cellule.

Les parois radiales sont cependant plus rectilignes au début de la formation du subéroïde : ex. : *Dracæna Draco* (fig. 55).

Le sens de la formation du subéroïde varie selon les espèces: il est souvent très irrégulièrement centrifuge chez l'*Asparagus officinalis* et le *Dracæna Draco*, centripète chez le *Strelitzia augusta*, les *Phœnix* et les *Pandanus*.

Quant à l'épaisseur du manchon formé par ce tissu, je ne l'ai point trouvée sensiblement plus grande dans les racines aériennes que dans les racines souterraines. Les racines du *Phalangium humile* et de l'*Asparagus officinalis*, qui sont terrestres, sont pourvues d'une zone épaisse de subéroïde, ainsi que les racines adventives, aériennes ou terrestres des *Dracæna*, des *Aletris*, des *Pandanus*, des *Phœnix* et des *Strelitzia*.

La grandeur du diamètre de la racine paraît influer sur la formation du subéroïde comme elle fait sur celle du liège; mais cette action est moins puissante sur le subéroïde, qui est en général assez précoce. J'ai néanmoins constaté que le manchon de ce tissu est plus épais dans les grosses racines du *Dracæna Draco* et des *Pandanus stenophyllus* et *Javanicus* que dans les racines grêles des mêmes espèces.

Ce phénomène est bien prononcé chez le *Strelitzia augusta*. Quand on fait une coupe transversale à moins d'un demi-millimètre de l'extrémité de la racine de cette plante, on voit que le liège n'y forme pas un anneau continu. Les places où il se produit constituent d'abord à la surface du membre des renflements (fig. 53) qui plus tard se relient de l'un à l'autre en s'étendant par le fait de la division de l'assise interne qui les engendre. Il en résulte que, dans les parties âgées de la racine, la périphérie du subéroïde ayant été exfoliée, ce tissu se présente sous la forme annulaire.

Chez la plupart des autres Monocotylédones dont les racines sont pourvues d'un subéroïde, ce tissu constitue presque dès le début un manchon continu. Ex. : fig. 54 et 52 du *Pandanus stenophyllus* et de l'*Asparagus officinalis*.

§ 3. — Sclérenchyme.

Le sclérenchyme se forme comme tissu secondaire dans le parenchyme cortical de la racine des Monocotylédones lorsque, l'accroissement diamétral exfoliant les membranes pilifère et épidermoïdale, ces racines ont besoin d'une énergique protection contre les agents extérieurs. Ainsi chez plusieurs Aroïdées, le *Philodendron Houlletianum* (fig. 47 et 48) par exemple, les premières cellules nées de la division des deux ou trois premières assises parenchymateuses à parois cellulosiques se sclérifient, tandis que les assises sous-jacentes donnent naissance à un liège à parois relativement minces. Ce liège se trouve ainsi recouvert sur toute sa périphérie d'un manchon complet de sclérenchyme. Les cellules de ce tissu sont grandes; leurs parois, considérablement épaissies, sont brillantes; elles sont pourvues de très minces canalicules rameux qui se correspondent l'un à l'autre.

RÉSUMÉ.

En récapitulant les faits exposés dans ce chapitre, on voit que, chez les Monocotylédones que j'ai décrites, le système vasculaire restant primaire (1), le tégument primaire n'est pas exfolié; l'endoderme et la membrane périphérique du cylindre central sont dans la plupart des cas susceptibles d'épaississement, notamment en regard des faisceaux libériens; dès qu'ils sont spécialisés, ils ne donnent naissance à aucun tissu.

Les éléments tégumentaires secondaires, liège, périderme, subéroïde, sclérenchyme, procèdent de la zone externe du parenchyme cortical primaire. L'assise génératrice du liège, du périderme et du subéroïde est généralement la plus extérieure des assises parenchymateuses dont les parois sont restées minces et cellulosiques. Je n'ai jamais vu la membrane pilifère leur donner naissance.

La forme cubique est dans la plupart des cas celle des cellules subéreuses de la racine des Monocotylédones. Lorsque le liège est entouré de périderme, ses cellules sont généralement tabulaires.

Le sens le plus fréquent de la formation subéreuse est le mode que j'ai appelé *centripète-irrégulier* et qui est une com-

(1) Sous ce rapport, il convient cependant d'excepter les *Dracæna Draco*, *Marginata*, *Fructicosa*, *Reflexa*, et l'*Aletris Fragrans*, dont la racine présente, d'après M. de Bary (*Handbuch der Physiol.*, 1877, p. 641) des formations vasculaires secondaires. Je regrette de n'avoir pu me procurer aux serres du Muséum des racines assez grosses de ces espèces; peut-être le sytème tégumentaire subit-il des modifications corrélatives du développement des vaisseaux secondaires. Les racines que l'Administration du Muséum a pu mettre à ma disposition ne présentaient dans leur cylindre central que l'organisation primaire.

binaison du mode centripète-simple et du mode centripète-intermédiaire de M. Sanio.

Le niveau auquel se forme le liège et les caractères qu'il affecte varient suivant l'espèce à laquelle la racine appartient, le milieu où elle vit, et surtout le diamètre transversal qu'elle acquiert.

Le tissu *subéroïde* est aussi fréquent que le liège dans le parenchyme cortical des racines chez les Monocotylédones. Le sens suivant lequel il se produit varie selon les espèces. En général, il est très précoce. Aussi l'influence du diamètre est-elle moins apparente sur la formation de ce tissu que sur celle du liège. Sur les coupes transversales ses éléments constituent des files obliques qui, considérées dans la direction du grand axe du membre, décrivent chacune une spire continue.

Le sclérenchyme, rare comme tissu secondaire, se forme dans les assises externes du parenchyme cortical des racines de quelques espèces telles que les Philodendron, où il recouvre le liège.

Ainsi chez les Monocotylédones dont j'ai exposé l'organisation, les productions tégumentaires secondaires de la racine dérivent du parenchyme cortical primaire ; l'endoderme et la membrane périphérique du cylindre central ne contribuent pas à les former.

TROISIÈME SECTION. — GYMNOSPERMES.

Le système tégumentaire de la racine des Gymnospermes, les formations secondaires qui s'y développent en corrélation avec les vaisseaux secondaires du cylindre central, sont bien connus depuis la publication du mémoire de M. Ph. Van Tieghem sur la Racine (1).

Je ne reprends donc ce sujet que pour ajouter à ce que l'on sait déjà sur la matière quelques faits relatifs à la constitution

(1) *Ann. sc. nat.*, 5e série, t. XIII, 1870.

de l'écorce primaire, aux modifications chimiques qu'elle subit et aux connexions originelles des premières cellules subéreuses chez les

Conifères. — Les espèces dont l'examen m'a paru le plus instructif, au point de vue de cette étude particulière, sont : *Sequoia sempervirens*, *Pinus Halepensis*, *Taxus Baccata*. *Biota Orientalis*.

Chez le *Sequoia sempervirens*, la disposition des cellules du parenchyme cortical primaire est normale. Mais les parois radiales de l'endoderme et des deux ou trois premières assises qui le recouvrent sont considérablement épaissies, chaque paroi ayant une forme naviculaire, allongée dans le sens du rayon (fig. 57).

Les parois parallèles au sens tangentiel et la paroi transversale demeurent minces.

Les cellules de l'écorce primaire présentent des bandes d'épaississement irrégulières qui leur donnent quelquefois l'aspect de cellules spiralées. Presque toutes les cellules de la zone interne du parenchyme cortical présentent des épaississements de ce genre. Il y en a aussi, et même en assez grande abondance, dans la zone externe. La distribution de ces cellules avec bandes d'épaississement est donc ici plus uniforme que dans les cas cités par M. Van Tieghem (1).

Le parenchyme cortical est coloré en *brun*. L'assise externe est légèrement cuticularisée. Elle présente les réactions de la cutine. Il en de même parfois des deux ou trois assises sous-jacentes, de l'endoderme et des quelques parois radiales fortement épaissies des assises internes du parenchyme cortical.

Dans le cylindre central, les formations secondaires se développent comme M. Ph. Van Tieghem l'a indiqué. Il en résulte la rupture de l'endoderme et l'exfoliation du parenchyme cortical ; mais, avant même que l'endoderme se soit rompu, la membrane péricambiale a donné naissance par voie centripète à un liège nettement caractérisé.

(1) *Loc. cit.*, p. 189.

Ce sont les arcs de la membrane péricambiale situés en regard des faisceaux libériens primaires qui forment d'abord du liège; les autres arcs de la membrane commencent à se diviser un peu plus tard dans le sens centripète pour organiser du liège.

La segmentation centrifuge de l'assise péricambiale donne naissance à un manchon peu épais de parenchyme secondaire.

Ce parenchyme entoure le liber. Le liber secondaire se compose dans le sens radial d'une alternance régulière de trois éléments disposés comme suit (1) : une fibre, un vaisseau grillagé, une cellule de réserves, un vaisseau grillagé.

Les cellules de réserves, qui contiennent de l'amidon pendant l'hiver, grandissent considérablement, puis subissent plusieurs divisions tangentielles, ce qui dans les parties très âgées peut provoquer l'exfoliation du liège et du parenchyme secondaire issus de la membrane rhizogène. Les cellules nées du cloisonnement tangentiel des éléments de réserve du liber secondaire épaississent alors leurs parois et se subérifient : ainsi se forme le *liège tertiaire.*

Chez le *Pinus halepensis*, le parenchyme tégumentaire secondaire est beaucoup plus développé que chez l'espèce précédente; il se compose de grandes cellules à parois minces et cellulosiques, remplies de grains d'amidon. Il est issu en sens centrifuge de l'assise péricambiale.

Cette membrane donne à l'extérieur un liège composé de très petites cellules à parois considérablement épaissies renfermant à leur intérieur une matière rougeâtre qui prend une coloration rouge intense, ainsi que les parois mêmes des cellules subéreuses lorsqu'on les traite par l'acide nitrique très étendu et à froid; elle se convertit en un liquide jaune lorsqu'on la traite par l'acide nitrique faiblement étendu à chaud.

Le liège, chez le *Pinus halepensis*, offre cette particularité que, s'exfoliant continuellement et avec rapidité, sans doute à cause de l'épaississement considérable de ses cellules, il n'y en a

(1) *Mém. sur la Rac.*, p. 189 et suiv. *Ann. sc. nat.*, 5e série, t. XIII, 1870.

jamais que deux ou au plus trois assises au-dessus de la zone qui l'engendre. Il en est de même dans la tige.

Il faut remarquer que dans cette plante les cellules subéreuses sont petites, extrêmement épaissies et à peu près de même grandeur dans la tige et dans la racine (fig. 58).

M. Ph. Van Tieghem a décrit d'une façon générale le système tégumentaire radical du *Taxus baccata* (1). Ayant repris l'examen de cet appareil, j'y ai reconnu certaines particularités que M. Van Tieghem n'a point signalées. Pour suivre la description que je vais en faire, le lecteur devra se reporter aux figures 3, 7 et 8 (planche 3) du mémoire de M. Van Tieghem, et à ma figure 56, relative à l'épaississement de l'endoderme.

L'écorce primaire de la racine du *Taxus baccata* commence à l'extérieur par une assise pilifère composée de grandes cellules; celles-ci se prolongent souvent en poils. Les cellules du parenchyme sous-jacent conservent des parois minces, mais qui brunissent vers l'époque de leur exfoliation.

L'avant-dernière assise corticale est caractérisée par un épaississement tout particulier de ses cellules formant un cadre complet sur leurs faces latérales et leurs faces transversales : la fig. 3 de la planche 3 de M. Van Tieghem montre la correspondance et la parfaite régularité de ces bandes protectrices.

J'ai reconnu à l'endoderme les caractères que M. Van Tieghem lui attribue, *mais uniquement dans le jeune âge de la racine :* je l'y ai vu, en effet, composé de cellules tabulaires engrenées par leurs faces radiales. Mais, dès que j'ai examiné l'endoderme seulement à quelques millimètres au-dessus de la coiffe, j'ai observé l'épaississement considérable de ses parois radiales, tel que le représente ma figure 56. La section transversale de ces parois offre une forme elliptique ou même nettement arrondie. Elle se colore en jaune, puis en rouge vif, ainsi que les autres parois de l'endoderme. Enfin, comprimé entre le parenchyme cortical et le cylindre central qui s'accroît,

(1) *Loc. cit.*, p. 190.

l'endoderme n'apparaît plus que sous la forme d'une lame épaisse, très fortement colorée en rouge.

M. Van Tieghem, qui a observé cette coloration, fait remarquer avec raison qu'au moins au début elle n'a pas lieu en regard des vaisseaux ligneux.

L'écorce primaire ne présente jamais de canaux résineux. *Elle ne s'exfolie pas au début même de la formation du bois et du liber secondaires;* mais, peu après cette production, la membrane péricambiale subit une série de divisions tangentielles sur sa face interne et sa face externe qui donnent naissance d'une part à un parenchyme tégumentaire secondaire centrifuge, d'autre part à un liège centripète. L'accroissement de ce liège et de ce parenchyme joint à celui du bois et du liber secondaire augmentent alors rapidement le diamètre transversal de la racine, et l'exfoliation de l'écorce primaire s'ensuit bientôt.

L'endoderme reste accolé contre le liège et ne s'exfolie qu'avec lui. Ce liège se compose d'éléments à parois rouges, convexes au dehors. Les dimensions de ces cellules sont petites, tellement petites même dans le sens radial que leurs parois tangentielles paraissent accolées, lorsqu'on les considère dans les parties âgées.

Le parenchyme tégumentaire secondaire, situé au-dessous du liège, n'en étant séparé que par la mince couche cellulaire qui les engendre l'un et l'autre, présente de très grandes cellules à parois minces et cellulosiques, allongées dans le sens tangentiel, où l'amidon s'accumule en grande quantité.

En raison de la structure binaire de la racine du *Taxus*, le parenchyme secondaire joue un rôle très important dans la production du bois et du liber secondaires en regard des deux faisceaux ligneux primaires. En effet, au début de la période secondaire, *les deux arcs générateurs*, n'étant situés qu'à la partie interne des deux faisceaux libériens primaires, ne donnent du bois secondaire que sur les flancs du bois primaire; mais, par le fait même de cette formation, « il arrive un moment où les bords des arcs générateurs sont amenés en regard l'un de l'autre, un peu en dehors des vaisseaux primitifs. Ils s'unissent alors en une couche continue par l'intermédiaire d'une assise de cellules qui appartiennent à la région interne du parenchyme produit par la membrane péricambiale dédoublée et qui se comportent désormais comme ces arcs eux-mêmes. A partir de ce moment, c'est donc par un anneau libéro-vasculaire uniforme et complet que se termine la formation secondaire de la première année. En face des lames vasculaires primitives, cet anneau est traversé par un rayon celluleux unisérié qui unit les premiers vaisseaux formés aux quelques rangées de cellules corticales périphériques issues du bord interne de la membrane rhizogène (1) ».

D'une façon générale, la racine du *Biota orientalis* présente, quant au système tégumentaire, les mêmes phénomènes que les autres Conifères. Il faut seulement noter ce fait très remarquable que chez cette plante la membrane péricambiale est originairement double : l'assise externe donne le liège; l'interne, le parenchyme secondaire.

GNÉTACÉES, CYCADÉES. — Je n'ai rien à ajouter à la description que M. Van Tieghem en a donnée (2).

RÉSUMÉ

De l'examen précédent et des études de M. Van Tieghem sur la racine des Gymnospermes (3), on peut conclure que chez ces plantes :

1° L'écorce primaire atteint un haut degré de différenciation organique, bien qu'elle soit destinée à s'exfolier et qu'elle ne donne pas naissance à des tissus secondaires.

2° La membrane péricambiale intervient dans la réunion des arcs cambiaux en une zone continue; de plus, à quelques millimètres du sommet, elle commence à devenir génératrice de liège centripète et de parenchyme secondaire centrifuge.

3° Quand il m'a été possible d'observer la première forma-

(1) Ph. Van Tieghem, *Ibid*, p. 192.
(2) *Ibid.*, p. 204-212.
(3) *Loc. cit.*, p. 187-212.

tion locale du liège, c'est en regard des faisceaux libériens primaires que j'ai vu la membrane périphérique du cylindre central se diviser pour lui donner naissance.

4° Un liège *tertiaire*, d'origine libérienne, peut dans certains cas (ex : *Sequoia*) se former et subsister pendant une longue période d'activité de la racine, lorsque le liège et le parenchyme secondaire issus de la couche péricambiale sont exfoliés.

5° En général, les cellules subéreuses n'ont pas de grandes dimensions. J'ajoute que, chaque fois que j'ai comparé les cellules du liège de la racine à celles de la tige, elles m'ont paru avoir, dans les deux cas, à peu près le même volume.

QUATRIÈME SECTION. — DICOTYLÉDONES.

Au début de sa formation, la racine des Dicotylédones possède, comme celle des Gymnospermes, un appareil tégumentaire primaire comparable à l'écorce des Monocotylédones. J'ai reconnu que cet appareil se comporte très différemment suivant que le système vasculaire secondaire est précoce ou tardif, la plante herbacée ou ligneuse, la racine aérienne ou terrestre.

Je vais examiner successivement tous ces cas, en ayant soin de faire remarquer les transitions qui les relient.

CHAPITRE Ier. — DICOTYLÉDONES DONT LE SYSTÈME VASCULAIRE SECONDAIRE EST PRÉCOCE.

Ces Dicotylédones sont de beaucoup les plus nombreuses ; ce sont en général celles chez lesquelles l'accroissement du nombre des feuilles est rapide et continu. On conçoit en effet que ces plantes aient besoin d'une abondance croissante de sucs nourriciers, condition de vie à laquelle satisfait le développement précoce et incessant de nouveaux vaisseaux.

Cette formation d'éléments vasculaires secondaires entraîne une modification très importante du système tégumentaire : le parenchyme cortical primaire ne suffisant plus à emmagasiner les réserves nutritives, cette fonction est dévolue en totalité ou en partie, à un tissu nouveau. C'est la membrane péricambiale qui l'organise; elle l'engendre au-dessous d'elle, en subissant une série de divisions tangentielles centrifuges; le parenchyme issu de ce cloisonnement successif se compose de larges cellules à parois minces qui ne tardent pas à se remplir de substance amylacée ou d'autres matières destinées à une élaboration ultérieure.

Chez toutes les Dicotylédones du présent groupe que j'ai étudiées, j'ai constaté la formation d'un manchon de parenchyme secondaire par la membrane périphérique du cylindre central.

L'épaississement de ce manchon et les phénomènes concomitants, dont l'assise périphérique et l'écorce primaire sont le siège, varient selon les genres, les familles, la nature herbacée ou ligneuse des végétaux.

Il en est chez lesquels l'écorce primaire est persistante, d'autres chez lesquels cette écorce s'exfolie; ces deux sortes de racines doivent être étudiées séparément.

§ 1. — Persistance de l'écorce primaire.

Parmi les familles chez lesquelles on peut trouver des espèces où la racine conserve constamment son écorce primaire (en totalité ou tout au moins en partie), alors que les formations vasculaires secondaires sont précoces, on peut citer : les Papilionacées, les Rosacées et les Composées.

Papilionacées. — Chez la Fève (*Faba vulgaris*) (fig. 66, 68, 70, 71), *considérée à la fin de la période primaire*, l'écorce est très développée (1) : on y remarque une assise pilifère régulière composée de petites cellules à parois minces dont la plupart se prolongent en poils. Le parenchyme cortical présente deux zones bien nettes. La zone externe est constituée par de grandes cellules polygonales à parois très minces, dont les dimensions augmentent à mesure qu'elles s'éloignent de l'assise pilifère :

(1) J'ai étudié le *Faba vulgaris* sur les individus dont j'ai obtenu la germination en serre chaude; j'ai fait plonger les racines dans l'eau, dès qu'elles atteignirent 7 ou 8 centimètres de longueur.

chacune de ces cellules est plus allongée dans le sens radial que dans le sens tangentiel. Ces cellules, lors de l'organisation primaire du cylindre central, ne laissent entre elles qu'un petit nombre de méats. La zone interne n'a qu'en partie la structure normale; ses éléments cellulaires laissent bien entre eux des méats; mais ceux-ci sont triangulaires, les cellules n'étant point disposées en files radiales régulières. Leurs parois sont d'une extrême minceur, leur forme arrondie.

L'endoderme est constitué par des cellules tabulaires de moyenne grandeur, à parois minces; les parois radiales sont fortement engrenées. La membrane péricambiale est simple en regard du liber, *triple* en regard du bois primaire (fig. 70). La partie périphérique du liber primaire est constituée par un paquet de fibres extrêmement épaissies et d'une éclatante blancheur (fig. 68, 70, 71).

En examinant la position de ces fibres par rapport à la membrane péricambiale à différents niveaux, il est facile de suivre le développement des productions issues de cette membrane.

Voici en effet ce que l'on remarque au début de la période secondaire :

Tandis que les arcs générateurs, situés au-dessous du liber primaire, forment du bois et du liber secondaires, les arcs alternes, composés des deux assises internes de la membrane pericambiale, se trouvant situés à une égale distance du centre, subissent une série de divisions centrifuges destinées à accroître les rayons parenchymateux primitifs.

Pour satisfaire à l'extension nécessitée par l'ensemble de ces formations secondaires, l'assise extérieure de la membrane périphérique (assise qui est d'abord unique en regard du liber) se divise et, par voie centrifuge, donne naissance à un *parenchyme secondaire* (fig. 71). Les fibres blanches du liber primaire en marquent toujours d'une façon très nette la limite interne.

Les cellules de ce tissu parenchymateux subissent de fréquentes divisions radiales et des divisions tangentielles qui masquent souvent leurs connexions originelles (fig. 70). Leurs parois demeurent minces et brillantes.

Ces formations s'effectuent sans exfolier l'écorce primaire. L'endoderme subsiste avec tous ses caractères bien qu'il subisse de continuelles divisions radiales qui lui permettent de s'élargir. Les parois des cellules du parenchyme cortical restent minces et cellulosiques. Seulement, les méats intercellulaires s'accroissent ou se forment. Ils deviennent assez nombreux dans la zone externe.

Pendant très longtemps aussi les cellules de l'assise pilifère conservent de minces parois; ce n'est que dans les parties âgées et alors que la plante est arrivée au terme de la période végétative que la paroi externe de ces cellules s'épaissit un peu et se colore en brun.

Sur des racines longues de 25 à 30 centimètres, je n'ai observé aucune formation subéreuse par l'assise pilifère, le parenchyme cortical ou la membrane péricambiale, que la plante ait été cultivée dans la terre ou dans l'eau.

Rosacées. — Dans toutes les racines de l'*Alchemilla vulgaris* (phot. 23 et 24) que j'ai pu me procurer, j'ai toujours trouvé le parenchyme cortical primaire absolument intact. Ce tissu se compose de cellules arrondies, notamment dans la zone interne, où elles forment des files radiales et des séries concentriques assez régulières; les méats qu'elles laissent entre elles sont petits; il n'y en a généralement pas dans la zone externe.

Les cellules endodermiques sont très-petites; elles subissent de fréquentes divisions radiales pour se prêter à l'extension nécessitée par les productions secondaires du cylindre central. Il en est de même des éléments de l'assise péricambiale; de plus, cette membrane périphérique est, dès le début de la formation du bois et du liber secondaire, le siège d'un cloisonnement tangentiel successif; les cellules ainsi formées constituent un parenchyme très régulier qui se développe toujours dans le sens centrifuge. Il ne constitue qu'une zone très mince. Il est rare que les éléments de ce tissu subissent des divisions radiales ou obliques; ils restent donc disposés en files rayonnantes et en séries concentriques d'une parfaite régularité, et demeurent par là même en concordance avec les cellules génératrices de l'assise périphérique.

Ce parenchyme secondaire a donc la même origine et les mêmes connexions morphologiques que le parenchyme secondaire que j'ai décrit dans la racine de la Fève, bien qu'il présente des caractères anatomiques assez différents.

Le liber ne se fibrifie pas; mais sa limite externe est nette, ses cellules étant plus petites que celles du parenchyme issu de la membrane périphérique.

Composées. — Beaucoup de plantes de la famille des Composées conservent pendant toute la durée de leur existence l'écorce primaire de leur racine : tels sont le *Taraxacum leonidens*, les *Tagetes erecta* et *T. patula*, le *Gaillardia aristata*, l'*Echinops exaltatus*, le *Lappa communis* (var. *major* et var. *tomentosa*), etc.

Lorsqu'on fait une coupe transversale d'une très mince radicelle de *Taraxacum leonidens* (fig. 73), on voit un cylindre central relativement petit entouré d'une écorce où les deux zones normales sont bien développées. La zone externe commence par une assise pilifère qui s'exfolie très tôt généralement : alors l'assise qu'elle recouvre s'épaissit un peu et joue le rôle physiologique d'épiderme. La grandeur des éléments cellulaires de la zone externe augmente à mesure qu'ils s'éloignent de la périphérie.

La zone interne présente les caractères ordinaires; elle se compose, lors de l'état primaire, de cinq, six ou sept assises superposées en files radiales d'une grande régularité.

L'endoderme, qui est la dernière de ces assises, est formé de très petites cellules dont les parois latérales sont fortement plissées et engrenées les unes dans les autres.

Lorsque le système vasculaire secondaire se développe, l'endoderme et la membrane périphérique se divisent radialement pour suivre l'extension du cylindre central; en même temps, la membrane périphérique subit une série de cloisonnements tangentiels centrifuges; d'où résulte un anneau complet de parenchyme secondaire au-dessous de l'endoderme. Sur la fig. 73 on voit assez nettement les trois zones que présente la coupe transversale d'une racine âgée de *Taraxacum leonidens* : la zone périphérique est constituée par l'écorce primaire; la première assise que l'on y remarque est plus épaisse que les autres : c'est elle que l'assise pilifère recouvrait; la dernière assise, ou endoderme, se reconnaît à la petitesse et au léger épaississement des éléments dont elle se compose. La zone moyenne, qui est très mince, est constituée par le parenchyme secondaire issu de la membrane péricambiale. La zone interne comprend tout le système vasculaire libérien au dehors, ligneux en dedans. On voit que les éléments de ce système forment deux anneaux continus séparés seulement par la zone cambiale.

La *Gaillardia aristata* offre un semblable développement : sur la coupe transversale d'une racine de cette espèce, où les vaisseaux secondaires ne sont pas encore très nombreux, on voit combien fréquent est le cloisonnement radial des cellules de l'écorce : presque toutes se divisent simultanément; c'est ainsi que le tégument s'élargit à mesure que le cylindre central s'agrandit.

L'assise pilifère se cutinise très légèrement et demeure persistante avec ses poils.

Il en est de même chez les *Tagetes erecta* et *T. patula* : chez ces deux espèces, les cellules du parenchyme cortical primaire conservent leurs parois minces et cellulosiques; elles se divisent souvent dans le sens du rayon et celui de la tangente. M. Ph. Van Tieghem (1) a montré que l'endoderme s'élargit en divisant ses cellules. Cet endoderme renferme des glandes et des méats oléifères que j'ai décrits plus haut (2). L'huile est sécrétée dans quelques-uns des méats quadrangulaires que laissent

(1) Mém. sur la Racine, 1870, *Ann. sc. nat.*, et canaux sécréteurs des plantes, 1872. *Ann. sc. nat.*, 5e série, t. XVI.

(2) 1re partie, sect. 1, chap. IV.

entre elles les cellules de la zone interne de l'écorce et principalement les cellules dérivées du dédoublement de l'endoderme en regard du liber primaire.

Chez le *Gaillardia aristata*, le nombre des faisceaux libériens primaires étant souvent de trois, les méats oléifères sont répartis sur trois arcs de l'endoderme.

Chez l'*Echinops exaltatus*, l'endoderme ne se dédouble généralement pas; il ne subit de division que dans le sens radial, ce qui écarte progressivement les méats oléifères, primitivement très rapprochés les uns des autres en regard des faisceaux libériens primaires. Ces canaux sont situés à la face externe de l'endoderme : les cellules qui les bordent en dehors des éléments endodermiques se divisent obliquement et radialement, de sorte que souvent le canal est entouré de cinq ou six cellules glandulaires. Le parenchyme cortical primaire subit de très fréquentes divisions dans le sens radial; mais le cloisonnement tangentiel y est rare, de sorte que sur la coupe transversale d'une grosse racine il n'occupe qu'une épaisseur relativement très faible. Au contraire, le parenchyme secondaire issu de la membrane périphérique du cylindre central se divise dans tous les sens, tangentiellement, radialement et obliquement, ainsi que le montre la figure.

C'est ici le lieu de faire observer qu'en général, chez les végétaux dicotylédones dont les productions vasculaires secondaires sont précoces et l'écorce primaire persistante, les vaisseaux ligneux sont peu abondants dans le bois secondaire, lorsque la plante est vivace. La phot. 27, qui représente le bois primaire et le bois secondaire d'une racine âgée de *Lappa communis*, var. *major*, fait bien voir l'énorme développement que prennent les éléments cellulaires dans le bois secondaire. Le tissu conjonctif qu'ils forment se gorge de réserves nutritives : dès lors, le parenchyme cortical primaire, bien qu'il ne se compose que d'un très petit nombre d'assises cellulaires chez les *Lappa*, suffit, avec le parenchyme secondaire dérivé de la membrane péricambiale, à recevoir l'excédent des réserves nutritives dont la plante a besoin.

J'insiste sur ce fait que, chez les végétaux à écorce primaire persistante que je viens de décrire, les faisceaux vasculaires secondaires, bien que précoces, ont un développement lent et limité (ex. : *Faba*, *Tagetes*, etc.); ou bien ce sont les éléments cellulaires destinés à emmagasiner les réserves nutritives qui y dominent.

Les cinq propositions suivantes résument l'ensemble des phénomènes que j'ai observés chez ces plantes :

1° L'assise périphérique du cylindre central organise toujours au-dessous d'elle un parenchyme secondaire centrifuge.

2° Lorsque l'inégale rapidité de la formation de ce parenchyme est appréciable, comme chez la Fève, c'est en regard des faisceaux ligneux primaires qu'on voit la membrane péricambiale commencer à se diviser pour lui donner naissance.

3° Ce parenchyme secondaire et le parenchyme cortical primaire se composent toujours de grandes cellules à parois minces que le chloroiodure de zinc colore en bleu: ces cellules sont pleines de protoplasma ; elles restent en activité pendant toute la durée de la vie de la racine, lorsque celle-ci est annuelle. Une grande quantité de réserves nutritives s'y accumule : elles en sont surtout gorgées pendant l'hiver.

4° Normalement, la racine de ces plantes ne présente pas de couche subéreuse. Il ne se forme du liège que d'une façon très irrégulière et pour ainsi dire accidentelle, dans le seul cas où les premières assises corticales externes s'exfolient (1)

(1) Cela arrive quelquefois chez les Lappa, mais d'une façon irrégulière et pour ainsi dire accidentelle. C'est dans de telles conditions que j'ai observé la formation de quelques cellules subéreuses isolées dans le parenchyme cortical primaire du *Faba vulgaris*.

J'ai cherché à obtenir la production artificielle du liège dans les racines de cette plante cultivées dans l'eau. Sur un grand nombre de ces racines, j'ai exercé des pressions d'intensités diverses au moyen de ligatures ; l'examen anatomique ne m'a révélé aucune production de cellules subéreuses dans les régions ainsi comprimées. J'ai constaté au contraire qu'il s'en forme pour cicatriser les plaies dues à des incisions profondes. La membrane rhizogène et les assises sous-jacentes, l'endoderme et les cinq ou six assises corticales qui le recouvrent

5° Toutes les plantes sur lesquelles j'ai observé ces phénomènes appartiennent à des espèces herbacées. On verra, dès le paragraphe suivant, de quelle importance cette remarque peut être.

§ 2. — Exfoliation de l'écorce primaire.

Dans les racines des Dicotylédones où j'ai constaté des formations vasculaires non seulement *précoces*, mais aussi *très abondantes, rapides et prolongées*, l'écorce primaire s'exfolie. Tel est le cas de la plupart des Dicotylédones ligneuses et de beaucoup de Dicotylédones herbacées que j'ai étudiées.

Chez ces plantes, l'accroissement transversal du cylindre central est tellement grand et rapide que l'écorce primaire ne peut la suivre : j'ai reconnu, par l'emploi du chloroiodure de zinc après l'action de l'acide nitrique bouillant, que les parois cellulaires de cette écorce meurent en subissant sur place la subérification chimique, et ce dans le sens centripète ; après quoi les diverses assises corticales s'exfolient successivement dans un ordre assez régulier. L'écorce primaire est alors remplacée par un appareil tégumentaire secondaire dont je vais exposer l'origine et les caractères en le considérant dans la série des Dicotylédones.

CALICIFLORES.

Papilionacées. — On trouve entre les Caliciflores dont l'écorce primaire s'exfolie et celles que j'ai décrites au paragraphe précédent toute une série de transitions liées au degré de précocité et à la plus ou moins grande abondance des formations vasculaires secondaires. Cette abondance est elle-même subordonnée dans une certaine mesure à la durée de la vie de la plante. Ainsi, pour prendre un exemple parmi les Papilionacées, tandis que chez les *Faba*, végétaux herbacés

immédiatement, peuvent ainsi devenir générateurs de liége. Généralement l'assise mise à découvert par l'ablation des couches externes meurt rapidement ; il en est souvent de même de l'assise qu'elle recouvre ; mais la troisième ou la quatrième assise sous-jacente donne naissance à d'*énormes* cellules dont les parois demeurent minces et se subérifient très tardivement.

annuels, j'ai constaté la persistance de l'écorce primaire, dans un genre voisin, les *Caragana*, j'en ai suivi la chute ; et comme dans ces plantes les formations secondaires ne sont ni plus précoces ni guère plus rapides que chez les *Faba*, la racine peut conserver son écorce primaire pendant un temps relativement long ; mais, les formations vasculaires secondaires continuant à se produire bien au-delà de la limite assignée aux *Faba*, puisque les *Caragana* sont ligneuses, il arrive un moment où l'écorce primaire se déchire et commence à s'exfolier.

Dès que les arcs cambiaux infralibériens organisent du bois et du liber secondaires dans la racine du *Caragana grandiflora*, la membrane péricambiale subit une série de divisions tangentielles à la fois vers l'intérieur et vers l'extérieur ; de sorte qu'entre les assises ainsi formées de part et d'autre, une zone génératrice à double jeu subsiste continuellement : vers l'intérieur, le cloisonnement est centrifuge : il en résulte la formation d'un parenchyme secondaire toujours cellulosique comparable à celui des *Faba*. Les divisions tangentielles centripètes du bord externe de la membrane périphérique donnent naissance à un tissu dont les cellules tabulaires restent disposées en files rayonnantes régulières : les parois de ces cellules ne présentent aucun méat ; elles sont d'abord minces, blanches, et, pendant très peu de temps, cellulosiques, mais bientôt, le protoplasma disparaissant, elles manifestent les réactions du suber et se colorent en brun. Ainsi le cylindre central se trouve entouré d'un manchon continu de quatre à cinq assises subéreuses qui le séparent de l'écorce primaire. En même temps que se forme le liège, les cellules du parenchyme cortical primaire meurent. Ce sont les plus externes qui perdent les premières leur activité ; j'ai constaté par l'emploi successif de l'acide nitrique bouillant et du chloroiodure de zinc, qu'elles se subérifient alors chimiquement depuis l'assise pilifère usqu'à l'endoderme inclusivement ; jamais elles ne donnent naissance à un liège anatomique : le parenchyme cortical qu'elles constituent subit quelques déchirures radiales et peu à peu chacune de ses assises s'exfolie. Seule la membrane protectrice reste quelque temps encore accolée à la face externe du liège ; l'épaisseur de ce dernier tissu augmente alors rapidement ; puis l'endoderme tombe avec les couches subéreuses externes ; mais, à mesure que cette exfoliation des assises périphériques du liège s'effectue, la zone d'où il procède ne cesse de le régénérer : la racine, dès avant la chute de l'écorce primaire, est donc entourée d'un manchon de liège centripète au-dessous duquel les réserves nutritives s'accumulent dans le parenchyme secondaire.

Les pousses souterraines de *Caragana grandiflora* présentent une constitution tout à fait comparable à celle de la racine, quant à l'appareil cortical. Dans ces pousses, le parenchyme cortical primaire persiste très longtemps après la formation d'un liège issu d'un cambium subéreux tout à fait semblable à la membrane péricambiale de la racine. Il m'est arrivé de trouver l'écorce primitive intacte sur une longueur de 40 centimètres, alors qu'au-dessous d'elle existait un épais manchon de liège.

Cette exfoliation relativement lente et tardive du système tégumentaire primaire établit, parmi les Dicotylédones à formations vasculaires précoces, un trait d'union entre les plantes qui conservent toujours l'écorce radiale primitive et les végétaux plus nombreux qui la rejettent de très bonne heure.

Rosacées. — Au nombre des Dicotylédones dont l'écorce primaire s'exfolie très tôt se trouvent la plupart des Rosacées vivaces. Lorsqu'on fait une coupe transversale d'une racine de *Potentilla anserina* (fig. 78) (les racines de cette espèce n'acquièrent guère plus de 20 centimètres de longueur), on est frappé de l'importance qu'y prend le tissu conjonctif : le bois se compose en effet de vaisseaux ligneux entremêlés de parenchyme ; au-dessus, et séparé de lui seulement par une mince zone cambiale, se trouve un abondant anneau de liber secondaire où les éléments purement parenchymateux prédominent de beaucoup sur les tubes criblés et les cellules grillagées : le tout est entouré d'un tissu parenchymateux à grandes cellules, protégé à l'extérieur par une assez forte couche de liège.

En remontant à l'origine de ces tissus, on voit que le liège et le parenchyme sous-jacent procèdent l'un et l'autre, comme dans l'exemple précédent, de la membrane périphérique du cylindre central. Ici l'écorce primaire s'exfolie presque aussitôt après la formation des premiers vaisseaux ligneux ou libériens secondaires ; la membrane périphérique du cylindre central engendre en dedans un parenchyme centrifuge et en dehors un liège centripète. Les cellules de ce liège ont leur section transversale rectangulaire ; elles sont très courtes dans le sen radial et allongées suivant la tangente ; leurs parois sont colorées en brun ; les parois radiales sont rectilignes ; les pa rois tangentielles, légèrement convexes vers l'extérieur.

Le parenchyme secondaire centrifuge issu de la membrane péricambiale se confond souvent vers l'intérieur avec le parenchyme libérien centripète, ou du moins il est difficile de préciser la limite qui les sépare, le liber primaire se résorbant. Cette résorption, qui enlève toute ligne de démarcation précise entre deux tissus bien différents, est très fréquente chez les Caliciflores. J'aurai l'occasion de la signaler souvent au cours de cette étude.

Pendant la vie de la plante, toute la partie parenchymateuse de la racine est remplie d'amidon, et en telle abondance qu'il faut le faire disparaître des coupes par un moyen artificiel tel que l'action des acides pour pouvoir discerner les tissus.

ÉRICINÉES. — En suivant le développement de la racine de l'*Erica cinerea*, j'ai reconnu que l'écorce primaire, composée seulement d'un petit nombre d'assises cellulaires, tombe dès que les vaisseaux secondaires se développent dans le cylindre central. En même temps, la membrane péricambiale organise à l'intérieur quelques assises de parenchyme tégumentaire secondaire, et à l'extérieur une couche subéreuse dont les cellules sont tabulaires, allongées dans le sens tangentiel. Le contenu de ces cellules est rouge.

COMPOSÉES. — Tandis que l'écorce primaire persiste dans la racine des *Taraxacum*, des *Tagetes*, des *Lappa* et des *Gail-*

lardia, elle est caduque dans le pivot de la plupart des Composées vivaces. Il en est ainsi dans le pivot du *Scorzonera humilis*. Le développement du bois secondaire y est assez rapide au début, ce qui entraîne l'exfoliation du tégument primaire; puis il se ralentit; alors la membrane péricambiale, qui a commencé, dès le début des formations vasculaires secondaires, à organiser du liège et du parenchyme secondaire, continue à en produire activement; le parenchyme centrifuge auquel elle donne naissance acquiert des dimensions considérables; c'est lui qui contribue le plus à augmenter le diamètre transversal de la racine, ce membre étant destiné à emmagasiner une énorme quantité de réserves nutritives. Un certain nombre de ses cellules se distinguent en effet de celles qui les entourent par une activité particulière : elles se multiplient plus rapidement par une série de bipartitions successives, et donnent ainsi naissance à de véritables faisceaux libéro-tertiaires.

La production du liège est beaucoup plus lente que celle du parenchyme secondaire; ce tissu, considéré sur les coupes transversales, ne présente que deux ou trois assises, quatre au plus, l'accroissement diamétral du pivot exfoliant ses cellules externes. Les éléments qui le constituent sont tabulaires, allongés dans le sens tangentiel, et si courts dans le sens radial que souvent les parois tangentielles s'accolent les unes sur les autres.

Je rappelle ici, mais seulement pour mémoire, que l'endoderme des Composées présente des canaux sécréteurs (1).

Araliacées et Ombellifères. — Le système tégumentaire des Araliacées et des Ombellifères est très remarquable par la position spéciale de ses méats oléo-résineux et la très précoce exfoliation de l'écorce primaire.

Chez les *Aralia* et en particulier l'*A. spinosa*, à peine cette écorce est-t-elle formée qu'elle tombe. Aussi son parenchyme présente-t-il seulement les caractères de la « zone interne normale ». Il se compose de cellules isodiamétriques

(1) 1re partie, sect. I, chap. IV.

rangées en files radiales régulières et en cercles concentriques. Ces cellules laissent entre elles de petits méats.

Leur chute est déterminée par la production subéreuse dont la membrane périphérique commence à être le siège *avant* toute formation de bois et de liber *secondaires*.

Cette membrane possède des canaux oléo-résineux (1) et, par suite de la situation de ces canaux, un nombre de cellules rhizogènes de moitié supérieur au nombre normal. En regard de chacun des deux ou trois faisceaux ligneux primaires (2), la membrane se compose de quatre cellules glandulaires formant deux assises et laissant entre elles un méat où elles sécrètent la matière oléagineuse. Les radicelles, ne pouvant par conséquent pas naître en regard du bois primaire, tirent leur origine des cellules de la membrane périphérique les plus rapprochées des cellules glandulaires. Le nombre de leurs rangées se trouve ainsi porté à quatre ou à six (3).

En dehors des deux ou trois régions où l'oléo-résine est sécrétée, la membrane périphérique est simple.

J'ai constaté qu'*avant* toute formation de bois et de liber secondaires elle organise une couche de liège par une série de divisions tangentielles centripètes.

Lorsqu'apparaissent le bois et le liber secondaires, elle forme par le cloisonnement centrifuge de sa partie interne un *parenchyme secondaire*. Ainsi entre le parenchyme et le liège subsiste constamment une couche génératrice de l'un et de l'autre.

En plus des canaux oléifères issus de la membrane périphérique, j'ai constaté la formation de canaux du même genre dans le parenchyme secondaire, tandis que je n'en ai jamais observé dans l'écorce primaire.

Le parenchyme secondaire se compose de grandes cellules à

(1) 1re partie, sect. I, chap. IV.

(2) Je dis : « deux ou trois », parce que le nombre de ces faisceaux est variable. En général, il est de trois au début dans l'*Aralia Spinosa*.

(3) Voy. à ce sujet : Ph. Van Tieghem, Mém. sur la Racine. *Ann. sc. nat.*, 5e série, t. XIII, 1870.

parois minces et cellulosiques, destinées à emmagasiner une grande abondance de matières nutritives. On les voit, notamment vers la périphérie, subir de fréquentes divisions radiales.

J'ai dit que le liège se forme de bonne heure ; à sa surface externe il porte pendant quelque temps l'endoderme subérifié et déchiré à maints endroits ; puis il s'exfolie lui-même ; mais sa régénération par son assise interne est tellement rapide qu'il ne se compose jamais moins de huit ou dix assises de grandes cellules, les trois ou quatre assises internes n'ayant pas encore subi la subérification chimique. Ces cellules constituent des files radiales, d'une parfaite régularité. J'ai souvent observé une alternance assez régulière de files radiales courtes et de files radiales très allongées dans le sens tangentiel. Les parois des cellules demeurent minces ; les parois radiales sont rectilignes ; les parois tangentielles sont convexes à l'extérieur.

La disposition des méats sécréteurs et le jeu de la membrane péricambiale, que je viens de décrire chez les *Aralia*, se retrouvent chez les autres Araliacées et chez les Ombellifères. Chez tous les représentants de cette dernière famille qui ont été étudiés sous ce rapport, le système tégumentaire se développe exactement de la même manière, le nombre des faisceaux ligneux étant généralement de deux.

L'inspection des figures que M. Ph. Van Tieghem a données de l'*Anthriscus cerefolium* et du *Pastinea sativa* (1) montre comment les canaux primitifs, diamétralement opposés, restent toujours compris entre le parenchyme secondaire et le liège issus de l'assise péricambiale.

En général, cette assise ne devient génératrice chez les Ombellifères que lors de la formation du bois et du liber secondaires. Elle commence par s'étendre au moyen de cloisons radiales, puis elle se divise tangentiellement.

Chez l'*Archangelica officinalis* (fig. 79), le parenchyme secondaire que l'assise péricambiale produit se compose de grandes

(1) Mém. sur la Racine : *Ann. sc. nat.*, 5e série, t. XIII, 1870, pl. VII, fig. 52 et 53.

cellules que l'extension croissante des éléments vasculaires sous-jacents étire considérablement dans le sens tangentiel. Ces cellules, qui sont d'abondants réservoirs d'amidon, se multiplient souvent par des divisions radiales ou obliques. Leurs parois acquièrent plus d'épaisseur que celles du parenchyme secondaire des *Aralia*. Ces parois demeurent cellulosiques.

La production du liège est abondante. Lorsque la racine est encore petite, les cellules subéreuses le sont également. Leur forme est alors celle de petits cubes à parois épaisses. Mais à mesure que le diamètre du membre s'accroît, les cellules génératrices du liège sont plus étendues dans le sens de la tangente, et il en est par conséquent de même des cellules subéreuses ; ces cellules sont donc tabulaires et leurs parois radiales sont relativement courtes. La production de ces éléments est très rapide; aussi arrive-t-il, lorsqu'on les traite par le chloroiodure de zinc, de voir le manchon qu'ils forment présenter une zone externe qui se colore en jaune et une zone interne qui se colore en bleu, n'ayant pas encore subi la subérification chimique.

CAPRIFOLIACÉES. — A l'état primaire, la racine du *Sambucus pubescens* (fig. 75) présente une assise pilifère mince, non cutinisée ou du moins très faiblement cutinisée. Le parenchyme cortical se compose de grandes cellules à parois minces qui renferment en hiver de nombreux grains d'amidon. On y remarque les deux zones (interne et externe); mais elles passent insensiblement de l'une à l'autre, et présentent d'ailleurs une certaine irrégula r é.

L'endoderme est peu spécialisé, il ne se distingue pas nettement de l'assise qui le recouvre.

Normalement l'écorce primaire ne forme pas de liège ; mais elle se déchire lorsque les formations secondaires augmentent le diamètre de la racine. Quelque temps avant cette rupture, les cellules du parenchyme cortical épaississent un peu leurs parois et *meurent en subissant un commencement de subérifica-*

tion chimique. Vient ensuite leur exfoliation, laquelle met à nu le cylindre central.

Le centre de ce cylindre est occupé par un tissu conjonctif à petites cellules qui, par les progrès de l'âge, épaississent fortement leurs parois. Six faisceaux ligneux primaires alternent avec six grands faisceaux libériens.

En regard des faisceaux ligneux, la membrane péricambiale, dès la période primaire, donne naissance à un tissu cellulaire qui se gorge d'amidon. Les cellules libériennes elles-mêmes se remplissent de petits grains d'amidon.

Sur une coupe transversale, le diamètre du cylindre central, à l'état primaire, est environ le tiers du diamètre total de la coupe.

Lors de la période secondaire, le fonctionnement de la couche génératrice formant du bois en dedans et du liber en dehors détermine l'extension de l'endoderme et l'exfoliation centripète de tout le parenchyme cortical primaire, En même temps, les six arcs de la membrane péricambiale situés *en regard des faisceaux libériens primaires* deviennent le siège d'une production centripète de liège. Cette formation s'étend bientôt d'un arc à un autre de la membrane péricambiale, de sorte que la racine est entourée d'un manchon continu de cellules subéreuses, lorsque l'endoderme est exfolié. Ce manchon se régénère incessamment par sa couche interne. Ses cellules sont à parois minces; elles sont allongées dans le sens tangentiel, mais présentent aussi par places des divisions radiales.

Le liber secondaire issu de la couche génératrice prend une grande extension. Il en résulte une compression progressive des faisceaux libériens primaires : ils finissent par se résorber entièrement.

Le parenchyme libérien secondaire se compose de grandes cellules à parois minces. On y remarque çà et là des faisceaux de fibres libériennes d'un blanc éclatant.

La membrane péricambiale produit vers l'intérieur un parenchyme secondaire. Il est souvent difficile d'établir une ligne de démarcation très nette entre ce parenchyme centrifuge et le parenchyme libérien secondaire, qui est centripète.

Lorsqu'on compare à l'organisation de la racine du *Sambucus* celle des rhizomes de la même plante, on est frappé des différences que présentent les dimensions relatives du cylindre central et du système tégumentaire. Dans les rhizomes, une moelle extrêmement développée subsiste toujours; les faisceaux ligneux ne prennent qu'une très-faible extension : c'est le contraire pour le liber secondaire; il offre les caractères du liber secondaire des racines.

Chez le *Viburnum opulus*, l'écorce primaire de la racine se compose de cellules irrégulièrement disposées, ne laissant point de méats entre elles, ou du moins fort peu. On n'y remarque donc pas les deux zones normales. L'assise pilifère se compose de cellules relativement grandes, allongées dans le sens radial; sa cuticule s'épaissit beaucoup et se colore en rouge.

Avant la chute de l'écorce primaire, la membrane péricambiale et l'endoderme s'agrandissent par des divisions radiales. L'assise périphérique donne à l'intérieur par voie centrifuge un parenchyme tégumentaire secondaire qui forme un manchon complet autour du liber. Cette organisation subsiste pendant tout le temps que le diamètre transversal de la racine ne dépasse pas 1 demi-millimètre.

Au-delà de cette limite, l'écorce primaire s'exfolie et la membrane péricambiale organise du liége dans le sens centripète.

M. Sanio a étudié le liége de la tige : il a constaté que le développement de ce tissu y est centripète.

Dans la tige, les cellules subéreuses sont cubiques; quelquefois leurs parois radiales sont ondulées, et leurs parois transversales convexes au dehors.

Dans la racine, les éléments du liége sont *très allongés dans le sens tangentiel* et *très courts dans le sens radial*. Ils sont environ *quatre fois plus volumineux* que les cellules subéreuses de la tige.

Crassulacées. — La formation du bois et du liber secondaires a lieu de si bonne heure dans cette famille qu'il est bien difficile de faire une coupe où l'on ne la voie pas. Sur le *Crassula versicolor*, elle commence dès que le diamètre transversal de la racine atteint $\frac{3}{10}$ de millimètre, et se poursuit comme chez les autres Dicotylédones (1).

En même temps se produit la division de la membrane périphérique, engendrant du parenchyme à l'intérieur et du liège à l'extérieur. Il se forme aussi un anneau complet de liège qui, dès qu'il se compose de trois ou quatre assises, détermine la chute de l'écorce primaire.

Ce liège acquiert des proportions considérables chez toutes les Crassulacées. Chez les *Sedum acre, Spurium, Populifolium*, il se compose de grandes cellules dont les parois demeurent minces; ses cloisons tangentielles sont convexes vers l'extérieur ou légèrement ondulées. A mesure que l'épaisseur du liège augmente, les cellules périphériques de ce tissu se trouvent de plus en plus comprimées; alors leurs parois radiales se plissent et leurs parois tangentielles se rapprochent à tel point que souvent elles s'accolent les unes au-dessus des autres.

L'exfoliation du liège n'est pas régulière : il s'y produit subitement de places en places des déchirures qui, en s'étendant lentement de l'une à l'autre, finissent par se rejoindre et amener ainsi la chute du suber externe.

Le parenchyme secondaire dérivé de la membrane périphérique primitive se compose de grandes cellules arrondies, à parois épaisses; elles sont remplies d'amidon; elles ne laissent entre elles des méats que lorsqu'elles ont acquis le maximum de leur taille. Elles se divisent radialement ou obliquement. Le nombre des assises qu'elles constituent est généralement élevé : sur une coupe de 5 millimètres de diamètre on en compte environ une vingtaine.

Chez le *Sempervivum tectorum*, il y a un côté de la racine où

(1) Voir à ce sujet : Louis Olivier, Note sur les formations secondaires dans la racine des Crassulacées, in *Bull. Soc. Bot.*, t. XXVII, 2e série, t. IIe, 1880, fasc. 3.

le parenchyme secondaire ne se développe presque pas ; il en résulte que sur ce côté le liège est extrêmement rapproché du liber secondaire, ce qui lui donne l'aspect d'un liège libérien; mais l'étude du développement montre qu'il dérive de la membrane périphérique comme le liège qui entoure le parenchyme secondaire bien développé sur les autres faces du membre.

Le *Sedum telephium* présente une organisation toute particulière : ses racines se renflent en effet en gros tubercules, et lorsqu'on y fait une coupe transversale on y voit, au sein d'un parenchyme abondant, trois, quatre, cinq ou six masses annulaires de bois secondaire entourées chacune d'une zone cambiale. Au premier abord, on est tenté de croire à la soudure de plusieurs racines dont on aurait les cylindres centraux sous les yeux. Mais si l'on fait une série de coupes transversales successives depuis le haut jusqu'au bas du tubercule, en ayant soin de ne pas changer l'orientation de ces coupes, on reconnaît que cette apparence de racines multiples est due à la dissociation d'un seul cylindre central. Suivant que les arcs cambiaux se réunissent en une zone unique, ou bien que, restant indépendants, ils se recourbent chacun sur lui-même de façon à souder ses deux extrémités, la coupe transversale offre l'apparence d'une racine unique ou de plusieurs racines associées.

Le tissu cellulaire de cette racine est complètement rempli d'amidon, ainsi que le montre la phot. 29 ; de place en place, il présente quelques déchirures.

Le système tégumentaire des *Crassulacées* est très différent dans la tige et dans la racine. J'ai montré que dans ce dernier membre l'écorce primaire est de bonne heure exfoliée et les productions parenchymenteuses et subéreuses de l'assise rhizogène très développées. Au contraire, l'écorce primaire persiste dans la tige : elle s'y compose d'un parenchyme dont les cellules conservent leurs parois minces.

CACTÉES. — Les Cactées sont, de toutes les Dicotylédones que j'ai étudiées, celles où les productions secondaires du cylindre central sont le plus précoces et le plus rapides. Aussi à peine l'écorce primaire est-elle formée qu'elle tombe.

Chez l'*Opuntia glauca*, les *Cactus nycticalus* et *grandiflorus*, la membrane périphérique du cylindre central donne :

1° A l'intérieur, un manchon de parenchyme secondaire absolument semblable à celui des *Crassulacées ;*

2° A l'extérieur, un liège entremêlé de *périderme* (fig. 74). Je n'ai jamais rencontré autre part que chez les Cactées, parmi les Dicotylédones, un liège radiculaire aussi abondant. Les cellules de ce tissu présentent une section transversale quadrangulaire, presque carrée ; leurs parois sont minces, le nombre des assises qu'elles constituent est ordinairement élevé; ces assises sont séparées au moins par un anneau de cellules subéreuses qui se sont fortement épaissies, de façon à former un périderme régulier. M. Ph. Van Tieghem (1) a signalé ce périderme chez le *Cereus grandiflorus* et l'*Opuntia pubescens*. Je me suis assuré qu'il est très général chez les Cactées. Le plus souvent même il y a deux ou trois zones péridermiques coexistantes, entre lesquelles plusieurs assises subéreuses sont resserrées.

C'est ici le lieu de faire remarquer que le summum de la production subéreuse et l'apparition d'un périderme coïncident avec la nature *presque* aérienne des racines. Les racines des Cactées sont, il est vrai, terrestres; mais, comme celles des Crassulacées, elles sont soumises à de fréquentes dénudations.

Ainsi, comme je l'ai reconnu chez les Monocotylédones, chez les Dicotylédones, *c'est surtout dans les racines exposées au contact de l'air que le périderme tend à se former et que le liège est le plus abondant.*

CUCURBITACÉES. — Je ne fais ici que signaler cette famille, pour fixer la place qu'elle doit occuper au point de vue de ce travail, M. Ph. Van Thieghem (2) ayant étudié et décrit

(1) *Ann. sc. nat*, 5e série, t. XIII, p. 252-256.
(2) *Loc. cit.*, p. 212-217.

avec beaucoup de soin l'organisation de l'appareil tégumentaire chez la *Cucurbita maxima*.

La chute de l'écorce primaire et le jeu de la membrane péricambiale s'effectuent chez cette espèce comme chez celles des familles précédentes. Il est intéressant de remarquer que le manchon subéreux y acquiert une assez forte épaisseur, tandis que le parenchyme tégumentaire secondaire est faiblement développé.

Ilicinées. — La famille des Ilicinées se compose d'arbres ou d'arbrisseaux dont les racines acquièrent de grandes dimensions et sont généralement riches en radicelles. Les différences que présentent l'écorce primaire et le système tégumentaire secondaire y sont par suite très accusées ; et comme elles sont constantes chez les diverses espèces de ce groupe, il me suffira de les décrire chez l'*Ilex aquifolium*.

L'organisation primaire s'observe sur les coupes transversales, dont le diamètre ne dépasse pas 1 demi-millimètre. L diamètre du cylindre central y est environ le tiers du diamètre de la coupe totale.

La membrane péricambiale, qui est mince, entoure cinq faisceaux ligneux et cinq faisceaux libériens alternants, reliés entre eux par un tissu conjonctif composé de petites cellules à parois cellulosiques et très délicates.

L'endoderme est très nettement spécifié : la section transversale de ses éléments est tabulaire ; les cloisons de ses cellules sont d'abord minces et cellulosiques ; les parois radiales sont légèrement plissées dans le sens longitudinal.

Les autres assises du parenchyme cortical primaire sont constituées par des cellules de moyenne grandeur qui ne laissent entre elles aucun méat. L'assise externe est seule cutinisée.

La fin de la période primaire est marquée par la confluence et bientôt la fusion des faisceaux vasculaires vers le centre du cylindre central. A ce moment, il n'y a encore ni exfoliation ni subérification du parenchyme cortical. Il reste cellulosique.

L'examen d'une série de coupes consécutives faites au passage de la structure primaire à la structure secondaire montre que la confluence progressive des faisceaux ligneux primaires provoque l'extension de l'assise périphérique et de l'endoderme.

Dès le début des formations ligneuse et libérienne secondaires, le parenchyme cortical primaire commence à subir la subérification chimique, et ce, dans le *sens centripète;* à mesure que cette modification moléculaire se produit, le parenchyme s'exfolie.

L'endoderme disparaît à peu près au même moment que les deux assises parenchymateuses qui le recouvrent. Mais un peu avant l'exfoliation de ces couches, la membrane péricambiale a déjà commencé à subir sur son bord interne et son bord externe des divisions tangentielles et à former à l'intérieur un parenchyme centrifuge et à l'extérieur un liège centripète.

Ce liège a les caractères suivants : ses cellules sont disposées en files radiales et en séries circulaires d'une parfaite régularité ; leurs parois sont extrêmement épaisses, surtout dans le cas où elles sont beaucoup plus allongées dans le sens tangentiel que dans le sens radial. Il arrive aussi que leur section transversale soit tabulaire. La subérification chimique de ce liège anatomique est très rapide : elle commence à se produire dès que les parois des cellules formées dans le sens centripète par l'assise péricambiale ont épaissi leurs parois.

Plus le diamètre transversal de la racine augmente, plus mince est, relativement, l'appareil tégumentaire secondaire (parenchyme et liège). Ce phénomène, qui est assez général et sur lequel j'ai déjà appelé l'attention, est ici plus prononcé que chez les familles précédemment étudiées, les productions de l'assise péricambiale doublement génératrice étant moins abondantes chez les Ilicinées que chez la plupart des autres Caliciflores.

Chez les Caliciflores que je viens de décrire, il n'y a pas de démarcation nette entre le parenchyme issu de la membrane péricambiale et le parenchyme libérien secondaire . il est donc souvent très difficile, parfois même impossible de déterminer sur les coupes des parties âgées où commence l'un et où finit l'autre : ce qui peut aider le plus à les distinguer, c'est le sens suivant lequel ils se développent : le parenchyme libérien est centripète, tandis que le parenchyme dérivé de l'assise périphérique du cylindre central est toujours centrifuge.

Résumé

Cette revue des Dicotylédones caliciflores dont l'écorce primaire s'exfolie montre que chez ces plantes le système tégumentaire secondaire présente deux types de structure, reliés l'un à l'autre par d'insensibles transitions.

Le premier type est caractérisé par le grand développement des éléments conjonctifs. Le parenchyme centrifuge issu de la membrane péricambiale et le parenchyme libérien secondaire prennent un développement considérable. Sur la coupe transversale, ce sont ces tissus qui occupent la plus grande place ; le bois secondaire est relativement peu abondant. Les Arialacées, les Ombellifères et les Caprifoliacées offrent l'exemple le plus net de ce type : on doit y rattacher les Composées, les Rosacées et les Papilionacées.

Dans le second type, c'est au contraire le bois secondaire qui forme la majeure partie de la racine ; les éléments parenchymenteux secondaires ne constituent tout autour du tissu conducteur qu'une zone *relativement* mince : cette disposition est celle des Ilicinées : quoique moins prononcée, elle se retrouve chez les *Cucurbitacées*, les *Cactées* et les *Saxifragées*.

Enfin, de l'étude du liège, à laquelle je me suis livré sur ces familles, il résulte que la production subéreuse est d'autant plus abondante que la racine est plus exposée à la dénudation. C'est ainsi que chez les plantes *grasses* qui poussent sur le sable, les pierres et les rochers, le manchon de liège est de beaucoup plus épais que chez les végétaux dont les racines s'enfoncent profondément en terre. J'ai dit que parmi les Caliciflores j'ai trouvé le maximum d'épaisseur de ce tissu chez les Crassulacées et les Cactées. On sait que nos Crassulacées indigènes sur lesquelles mes observations ont porté, les *Sempervivum* et les différentes espèces de *Sedum*, croissent sur les sols pierreux, les toits et les vieux murs; leurs racines y sont soumises aux intempéries de l'atmosphère; la pluie entraîne le peu de terre qui les entoure, de sorte qu'il leur arrive de passer subitement de la chaleur au froid, de l'extrême sécheresse à l'extrême humidité, et inversement.

La même remarque s'applique avec plus de force encore aux Cactées, plantes pour ainsi dire aériennes, dans la racine desquelles j'ai décrit un épais manchon de liège renforcé de plusieurs couches péridermiques. Au Mexique, la vraie patrie des Cactées, l'alternance d'un état hygrométrique très bas, puis très élevé, coïncide, comme dans toutes les régions tropicales, avec l'alternance régulière du jour et de la nuit.

D'après ces observations, le rôle physiologique du liège, tissu rempli d'air, semblerait être de protéger la racine contre les variations climatériques, puisque plus ce membre y est exposé, plus le liège y est abondant (1).

COROLLIFLORES

OLÉINÉES. — J'ai étudié dans cette famille le *Ligustrum ovalifolium*, le *L. japonicum* et le *Fraxinus excelsior*.

Les *Ligustrum ovalifolium* et *japonicum* présentant la même organisation, je décrirai seulement celle du *L. ovalifolium*. Lorsqu'on fait une coupe transversale d'une mince radicelle de cette espèce, on remarque que la forme triangulaire de la coupe est en rapport avec le nombre trinaire des faisceaux ligneux. L'écorce primaire y paraît considérable par rapport au cylindre central. Elle débute par une membrane pilifère très régulière, composée de petites cellules dont toutes les parois sont minces, blanches et cellulosiques. Au-dessous se

(1) Voy. p. 108, 109.

trouve l'assise épidermoïdale, qui, après l'exfoliation de la membrane pilifère, épaissit sa membrane externe et fait fonction d'épiderme.

Elle se compose de grandes cellules dont les autres parois demeurent minces et cellulosiques ; elle recouvre un parenchyme comprenant de 8 à 10 assises de cellules isodiamétriques à parois minces et cellulosiques. Les cellules des assises médianes sont plus grandes que celles qui se rapprochent d'une part de l'épiderme, de l'autre de l'endoderme. Les caractères des deux zones normales de l'écorce (interne et externe) existent ici, mais sans être tranchés ; la zone interne n'est point irrégulière, la zone externe présente quelques méats.

Les cellules de l'endoderme ont leurs parois minces et cellulosiques. Leurs parois radiales ne sont point fortement plissées, ce que j'ai reconnu au moyen de coupes longitudinales tangentielles.

La membrane péricambiale est constituée par de grandes cellules à section transversale hexagonale, dont les parois radiales sont rectilignes et plus allongées que les autres parois. Toutes les cloisons de cette assise sont très minces, blanches et cellulosiques.

Aussitôt qu'apparaissent le bois et le liber secondaires, l'endoderme se distend ; l'assise pilifère, puis le parenchyme cortical subissent la subérification chimique et s'exfolient. L'endoderme subsiste néanmoins pendant quelque temps, la paroi interne de ses cellules s'étant très fortement épaissie. Il est complètement subérifié et joue le rôle d'un épiderme jusqu'à ce que l'extension due aux formations secondaires en provoque la rupture en différents points, puis enfin la complète exfoliation.

En même temps que la zone génératrice du bois et du liber secondaire entre en fonction, la membrane péricambiale est le siège d'une double production : au-dessous de l'endoderme, et par voie centripète, elle engendre un épais manchon de liège dont les cellules tabulaires, disposées en séries radiales d'une parfaite régularité, conservent des parois relativement minces. A l'intérieur, la membrane péricambiale engendre par voie centrifuge un parenchyme secondaire composé de grandes cellules à parois minces et cellulosiques qui ne laissent entre elles aucun méat (fig. 64, 65).

Jusqu'ici tout est semblable à ce qui se passe chez les Caliciflores, dont j'ai précédemment exposé le développement. Mais voici la différence : chez les *Ligustrum ovalifolium* et *japonicum*, le parenchyme secondaire est limité à l'intérieur par une e de fibres libériennes considérablement épaissies. Ces fibres se forment au début de la production du bois et du liber secondaires. Elles apparaissent d'abord à la partie périphérique du liber primaire : en suivant le développement de la racine, on les voit constituer progressivement un anneau presque complet qui sépare nettement l'ensemble du liber du parenyme secondaire (fig. 64, 65).

J'ai cherché à déterminer en quels points de la membrane péricambiale apparaissent les premières divisions tangentielles dont elle est le siège. A son début, la production du liège et du parenchyme tégumentaire secondaire m'a semblé plus active n regard des faisceaux libériens; mais d'autre part j'ai observé aussi dès le début la division de la membrane péricambiale en regard du bois primaire : je crois donc que toutes ses cellules commencent à se diviser à peu près au même moment, quoique d'une façon plus rapide, en regard du liber primaire.

Le bois et le liber secondaires continuant à s'accroître, les cellules du parenchyme tégumentaire secondaire sont étirées dans le sens tangentiel et subissent de fréquentes divisions radiales.

Ce parenchyme ne subissant pas d'exfoliation, le nombre de ses assises ne dépasse guère sept ou huit. Il en est tout autrement du liège, dont la surface externe s'exfolie constamment. Il ne cesse de se régénérer par l'assise interne. Considéré dans une partie âgée, il présente des cellules dont la section est celle d'un rectangle très allongé dans le sens tangentiel et très court dans le sens radial.

La racine du *Fraxinus excelsior* présente des phénomènes du même ordre. Pendant la période primaire (fig. 60), l'écorce est bien développée. L'assise pilifère offre des parois minces; ses poils, qui sont unicellulaires, acquièrent une grande longueur, tout en restant très minces. Le parenchyme présente les deux zones normales; les cellules de la zone interne sont plus petites que celles de la zone externe. L'endoderme se compose de très petites cellules, dont les parois radiales sont extrêmement courtes.

L'exfoliation de l'écorce primaire est déterminée, comme d'ordinaire, par les formations secondaires du cylindre central. L'endoderme persiste pendant quelque temps, accolé au liège produit par la membrane péricambiale.

La période secondaire n'offre rien de particulier. Je dois seulement faire remarquer qu'ici, comme dans les deux exemples précédents, il est facile de suivre la formation du parenchyme tégumentaire secondaire, en ne perdant jamais de vue la limite qui le sépare du liber; dès que l'arc générateur du bois et du liber secondaires, a fourni un anneau complet de bois, ce qui arrive avant toute exfoliation de l'écorce primaire, les fibres externes du liber primaire s'épaississent considérablement. On voit donc très nettement à la périphérie du liber primitif, au-dessous de la membrane péricambiale, des fibres épaisses d'une éclatante blancheur.

A ce moment, la membrane péricambiale n'a point encore fonctionné comme génératrice de tissus secondaires; mais si l'on considère une partie un peu plus âgée de la racine (fig. 67), on reconnaît la présence d'un parenchyme entre cette membrane et les fibres blanches externes du liber. Evidemment il tire son origine de la membrane périphérique, ainsi que le liège qui s'est formé simultanément par voie centripète à l'extérieur (1). Il y a d'abord entre la membrane péricambiale et

(1) M. Alfred Jorgensen (*Bidrag til Rodens naturhistorie, Korkdannelsen paa rooden*) a figuré la membrane périphérique du *Fraxinus excelsior* dédoublée en regard d'une fibre libérienne épaissie; il montre que la formation subéreuse commence en ce point; mais il ne dit pas, du moins dans le texte

la file des cellules parenchymateuses, considérée au début de sa formation, une concordance parfaite, concordance qui se trouve dans la suite altérée par des divisions radiales.

A mesure que le liber secondaire se forme, il s'y produit des îlots de larges fibres épaisses et d'un blanc éclatant semblables celles qui se produisent dans le liber primaire. Ces îlots sont étendus surtout dans le sens tangentiel; ils sont plus grands t plus nombreux vers la partie externe du liber. Ils constituent donc une sorte d'anneau çà et là interrompu, qui marque nettement la limite interne du parenchyme tégumentaire secondaire.

Les cellules du liège sont disposées en séries concentriques et en séries radiales d'une grande régularité ; elles sont grandes et ont des parois minces ; leur section transversale est celle de carrés très légèrement déformés.

Le tégument secondaire de la tige diffère notablement du tégument de même ordre de la racine. Dans la tige il est beaucoup plus développé.

Si l'on considère en effet une tige suffisamment âgée, on voit de l'extérieur à l'intérieur (fig. 61) :

1° Une ou deux assises (quelquefois elles s'exfolient) de petites cellules scléreuses présentant les réactions du suber ;

2° Une couche subéreuse, soit de 4 ou de 5 assises dont les cellules sont grandes par rapport à l'assise scléreuse qui les recouvre, mais environ moitié plus petites que les cellules du liege de la racine ; elles en diffèrent aussi par leur forme : leurs parois tangentielles sont bombées vers l'extérieur ; les deux parois radiales sont aussi bombées, quelquefois toutes deux dans le même sens, quelquefois en sens contraire. Il en résulte une grande irrégularité apparente dans leur disposition : les séries soit radiales, soit circulaires qu'elles constituent n'ont aucune régularité ; en général, elles sont plus allongées dans le sens radial que dans le sens tangentiel : j'ai dit plus haut qu'il en est autrement du liège de la racine ;

français, que la production d'un parenchyme secondaire centrifuge est concomitante.

3° Une couche parenchymateuse de petites cellules à parois épaisses et parfaitement blanches, renfermant une grande quantité de grains de chlorophylle;

4° Une couche parenchymateuse de cellules trois fois plus grandes que les précédentes, à parois minces, renfermant des grains d'amidon et des grains de chlorophylle; mais ces derniers y sont moins abondants que dans la couche précédente.

Ce parenchyme est limité à l'extérieur par la zone de fibres libériennes qui présentent ici les mêmes caractères que dans la racine.

Buxinées. — L'appareil tégumentaire offre chez les Buxinées les mêmes caractères que chez les Corolliflores précédentes. Comme chez les Oléinées, le liber présente vers sa périphérie des fibres épaissies, moins nombreuses chez les Buxinées que chez les Corolliflores ; ces fibres indiquent néanmoins très nettement la limite du parenchyme secondaire engendré par la membrane péricambiale. Par les progrès de l'âge, ce parenchyme cesse de se colorer en bleu sous l'influence du chloroiodure de zinc : néanmoins, il n'est lignifié ni subérifié (1). Les cellules qui composent le liège ont leurs parois plissées, moyennement épaissies et de bonne heure fortement subérifiées.

Cupulifères. — On retrouve encore chez les Cupulifères les traits dominants des Oléinées pour toute l'organisation du système tégumentaire de la racine.

Une coupe transversale d'une jeune radicelle de *Fagus sylvatica* montre une assise pilifère colorée en jaune, composée de cellules aplaties. Au-dessous est située la zone externe de l'écorce; on n'y découvre aucun méat ; il y a, au contraire, de petits méats triangulaires dans toute la zone interne. Mais les

(1) Sur des racines gelées, j'ai constaté la lignification du parenchyme secondaire et la subérification des fibres du bois. Je me propose de revenir plus tard sur les modifications chimiques des éléments histologiques sous l'influence du froid.

cellules de cette zone sont en général irrégulièrement disposées comme sont celles de la zone externe.

L'endoderme est très net. Il se compose de petites cellules dont les parois radiales s'engrènent l'une avec l'autre.

L'écorce primaire est de bonne heure exfoliée. *Avant* la chute de cette écorce, la membrane péricambiale se divise en plusieurs assises et commence ainsi à former un parenchyme secondaire qui, comme chez les Oléinées, est limité à l'intérieur par les éléments externes, épaissis et encroûtés du liber.

Après l'exfoliation de l'écorce primaire, la membrane péricambiale donne un liège abondant dans le sens centripète.

Sur le *Quercus suber* (1), le liège ne prend pas dans la racine plus de développement que chez les autres Cupulifères. Il ne se compose que de quelques assises ; ses cellules sont tabulaires et généralement beaucoup plus petites que dans la tige. Dans ce membre le liège présente plusieurs zones épaisses, dont chacune semble correspondre à une année de végétation. Ces zones sont limitées par des bandes de cellules subéreuses dont les parois sont un peu épaissies et colorées en rouge. Le plus souvent les cellules subéreuses de la tige sont allongées dans le sens du rayon ; leurs membranes tangentielles sont plissées.

CHÉNOPODÉES. — M. Ph. Van Tieghem a décrit (2) le développement du système tégumentaire de la *Beta vulgaris* et de plusieurs autres Chénopodées. — Chez la *Beta vulgaris*, l'écorce primaire s'exfolie de la même façon que chez les familles précédentes, et c'est de la membrane périphérique du cylindre central que procèdent à l'extérieur un liège centripète à parois

(1) Je dois à l'obligeance de M. Naudin, directeur de l'Établissement botanique de la Villa Thuret à Antibes, d'avoir pu étudier le *Quercus suber*. Il a eu l'amabilité de m'envoyer des racines et des tiges de cette plante, ce qui m'a permis de comparer les cellules subéreuses de ces deux membres. Je lui ai demandé de jeunes radicelles à une époque où il lui a été impossible de m'en donner, aussi n'ai-je pu assister à la production première du liège. Très probablement elle a lieu chez le *Quercus suber* de la même façon que chez les espèces décrites ici. C'est pourquoi j'en parle à cette place.

(2) *Mém. sur la Racine*, p. 235-237. *Ann sc. nat.*, 5e série, t. XIII, 187

très minces, et à l'intérieur un parenchyme centrifuge à contenu liquide rouge qui correspond à ce que j'ai appelé jusqu'alors parenchyme secondaire, mais qui, particulièrement chez la *Beta vulgaris*, acquiert un développement considérable et donne naïssance à des faisceaux libéro-ligneux.

CRUCIFÈRES. — L'organisation du système tégumentaire de la racine des Crucifères se rapproche beaucoup de la structure de celui des Chénopodées.

L'analogie est surtout frappante lorsque la racine se renfle en tubercule. Il en est ainsi dans le *Raphanus sativus*. Particulièrement dans cette espèce, l'écorce primaire est de courte durée. La membrane péricambiale organise du liège et un parenchyme secondaire.

Le liège se compose de cellules allongées dans le sens tangentiel et à parois très minces, ce qui n'est pas le cas ordinaire. Il s'exfolie continuellement, de sorte que la couche protectrice qu'il constitue est toujours mince.

Le parenchyme secondaire acquiert ici un développement considérable comme chez les Chénopodées et parmi les Corolliflores, les Ombellifères, les Araliacées et les Caprifoliacées. Vers la périphérie ses cellules renferment un liquide rose qui, vu par transparence à travers le liège, donne à la racine sa coloration caractéristique. Quelques-unes de ses cellules isolées çà et là sont pourtant incolores ; elles deviennent bientôt le siège d'une active division, et finalement elles engendrent des faisceaux libéro-ligneux qui par conséquent se trouvent situés en dehors du liber. Le parenchyme tégumentaire secondaire, continuant à s'accroître considérablement, engendre en dehors d'eux de nouveaux cercles de faisceaux libéro-ligneux, de sorte que la racine prend un énorme développement dans le sens transversal.

On voit que ces phénomènes sont de tout point comparables à ceux que M. Ph. Van Tieghem a décrits chez la *Beta vulgaris* et les Chénopodées en général.

CARYOPHYLLÉES. — J'ai étudié dans la famillle des Caryophyllées le *Silene gallica*. L'écorce primaire de sa racine se compose de grandes cellules à parois minces. Elle est caduque, comme chez les espèces précédentes, et remplacée par les productions de l'assise péricambiale, qui fonctionne chez le *Silene gallica* comme chez les autres Dicotylédones à formations vasculaires secondaires rapides, abondantes et prolongées.

Résumé

A. — De l'examen qui précède je puis tirer cette conclusion :

Chez les Dicotylédones dans la racine desquelles j'ai constaté la chute de l'écorce primaire :

1° L'écorce ne donne naissance à aucun liège, à aucun tissu secondaire.

2° Elle ne s'exfolie généralement qu'après avoir subi sur place et dans le sens centripète la modification chimique de la subérification (1). Le plus souvent l'assise pilifère s'exfolie bien avant la chute des premières assises sous-jacentes ;

3° L'écorce primaire tombe d'autant plus tôt que les formations vasculaires secondaires du cylindre central sont plus précoces et plus abondantes.

4° Après l'exfoliation du parenchyme cortical primaire, l'endoderme subérifié peut rester quelque temps encore accolé à la membrane péricambriale ou aux tissus engendrés par cette membrane ; il remplit alors, mais seulement d'une façon transitoire, la fonction d'un épiderme protecteur ;

5° La membrane péricambiale subit vers son bord interne et son bord externe une série de divisions tangentielles continues. Cette segmentation est concomitante de la production du bois et du liber secondaires. Il est rare qu'elle la précède (*Aralia spinosa*, etc.) ou lui soit postérieure (*Viburnum opulus*). En tout cas on peut dire qu'elle commence à peu près au

(1) J'entends par là qu'elle manifeste les réactions chimiques du Suber; je n'en induis pas qu'elle possède la même composition élémentaire, aucune analyse n'ayant été faite à ce sujet.

même moment (Papilionacées, Composées, Caprifoliacées, Crassulacées, Cactées, Oléinées), et se poursuit pendant tout le temps que la racine organise des vaisseaux secondaires. C'est cette segmentation de la membrane péricambiale qui détermine la chute de l'écorce primaire.

La division tangentielle successive de cette membrane est souvent précédée d'une division radiale. Il en est ainsi lorsque la progression des faisceaux ligneux primaires vers le centre du membre nécessite l'extension du cylindre central. Alors on voit aussi l'endoderme se diviser (*Viburnum opulus*, *Ilex aquifolium*, etc).

La division dans le sens radial est la seule que j'aie observée dans la membrane protectrice de ces plantes.

6° Le cloisonnement tangentiel du bord interne de l'assise péricambiale est toujours *centrifuge :* il donne naissance à un parenchyme secondaire dont les cellules généralement grandes, après avoir été étirées dans le sens tangentiel, se divisent suivant la direction radiale ou quelquefois suivant une direction qui lui est oblique.

7° Le cloisonnement tangentiel du bord externe de l'assise péricambiale est *centripète ;* il donne un liège dont les cellules offrent des caractères variés suivant les familles où on les considère, mais en général constants dans la même famille.

Entre ce liège et le parenchyme secondaire subsiste un arc générateur à jeu double, qui les régénère continuellement.

8° En général, il y a chez les Corolliflores et les Monochlamydées dont j'ai étudié l'organisation une ligne de démarcation très-nette entre le parenchyme tégumentaire secondaire et les éléments libériens. Cette démarcation est due à l'épaississement des fibres libériennes externes. Au contraire, chez les Thalamiflores et les Caliciflores que j'ai décrites, le liber primaire ne s'épaissit pas ; le plus souvent il se résorbe ; le liber secondaire se compose en majeure partie d'éléments parenchymateux, et, bien qu'ils soient centripètes, il est souvent bien difficile de préciser la limite qui les sépare du parenchyme centrifuge issu de l'assise péricambiale.

B. — Pour ne point compliquer les descriptions, j'ai omis à dessein de parler de l'intervention de l'assise périphérique du cylindre central dans la formation de la zone cambiale.

On sait que les arcs cambiaux, générateurs du bois et du liber secondaires, sont situés en dedans des faisceaux libériens primaires; aussi sont-ils impuissants à former une zone libérienne continue sans l'intervention de la membrane péricambiale. Celle-ci, se divisant tangentiellement en regard des faisceaux ligneux primaires, fournit un trait d'union aux arcs cambiaux isolés. Ainsi se constitue une zone cambiale non interrompue. Mais cette zone peut se comporter de deux façons: ou bien elle engendre sur tout son pourtour interne du bois secondaire et vers la périphérie un manchon continu de liber secondaire, comme c'est, par exemple, le cas des *Fraxinus*, et plus généralement celui des racines où les faisceaux primaires sont nombreux; ou bien, ainsi qu'on le voit chez beaucoup de Composées, d'Ombellifères et d'Araliacées, les arcs cambiaux primitifs situés sous le liber primaire engendrent seuls des faisceaux secondaires, tandis qu'en regard du bois primaire la membrane péricambbiale organise des rayons parenchymateux qui alternent très régulièrement avec les faisceaux libéro-ligneux secondaires. Il en résulte que dans ce parenchyme on peut distinguer deux régions : la région interne comprise pour chaque rayon entre deux faisceaux de bois secondaire, et la région externe du parenchyme, qui sépare les masses libériennes secondaires.

C. Les productions subéreuses des tiges ont été l'objet de travaux importants de la part de Hugo von Mohl (1), Shleiden (2), Th. Hartig, Schacht, Hanstein (3), et plus récemment

(1) *Untersuchungen über den bau und die Entwickelung des korkes und dér Borke auf der Rinde der Baumartigen Dicotylen. Diss.*. 1836. (*Ann. sc. nat.*, 2ᵉ série, t. IX, p. 290. *Verm. Schriften*, 1846.)

(2) Dans son *Anatomie des Cactées, Shleiden* cite les espèces dont la tige présente du liège.

(3) *Untersuchungen uber den Bau und die Entwickelung der Baumrinde*, Berlin, 1853.

de MM. de Candolle (1), Sanio (2) et Rauwenhoff (3). On peut donc apprécier maintenant les différences que présente la formation du liège, suivant qu'elle s'opère dans la racine ou dans la tige.

J'ai déjà montré qu'en général les cellules du liège sont plus volumineuses dans la racine, bien qu'il en soit autrement chez quelques espèces, le *Quercus suber* par exemple. J'ai fait voir aussi que chez les Dicotylédones à écorce primaire caduque que j'ai décrites, cette écorce n'engendre pas de liège. Grâce aux recherches de M. Sanio et de M. Rauwenhoff, nous savons maintenant qu'il en est autrement dans la tige; souvent, en effet la tige conserve son écorce primaire beaucoup plus lontemps que la racine, et l'assise épidermique elle-même (*Viburnum lantana*, *Sorbus aucuparia*), ou, plus fréquemment, la première assise sous-épidermique (*Fagus sylvatica*, *Populus tremula*, *Ilex aquifolium*, *Syringa vulgaris*, *Viburnum opulus*, *Quercus pedunculata*, *Q. ilex*, *Q. castanea*, *Q. suber*, *Sambucus nigra*, etc.) organisent du liège en se divisant très régulièrement dans la direction tangentielle; et ce n'est que lorsque la tige a atteint un très fort diamètre transversal que les formations subéreuses sont plus profondes. Quelquefois elles s'opèrent à la limite interne de l'écorce primaire (*Ribes rubrum*) (4); finalement, la plante continuant à grossir, toute l'écorce primaire est exfoliée, laissant au-dessous d'elle un rhytidome (Molh) comparable, quant à la position, au liège des racines.

Les observations que j'ai faites sur un certain nombre de tiges de Dicotylédones confirment celles que M. Sanio et M. Rauwenhoff ont publiées. Dans ce mémoire, je reproduis seulement, au sujet du liège des tiges, le dessin que j'ai fait de la formation de ce tissu dans la première assise corticale primaire sous-

(1) De la production artificielle et naturelle du liège in Mémoire de la *Societe physiologique et d'histoire naturelle de Genève*, 1860.

(2) *Bau und Entwickelung des korkes* in *Jarb. f. wis Bot.*, II.

(3) *Ann. sc. nat.*, 5e série, t. XII, 1869.

(4) Rauwenhoff. *Loc. cit.*, p. 359-360.

jacente à l'épiderme de la tige du *Pelargonium zonale* (fig. 62). J'ai constaté d'autre part que chez les *Pelargonium*, et en général les Géraniées, l'écorce primaire de la racine n'est génératrice d'aucun tissu, mais s'exfolie lorsque l'assise péricambiale engendre un manchon subéreux vers l'extérieur et du parenchyme secondaire vers l'intérieur.

CHAPITRE II. — DICOTYLÉDONES DONT LE SYSTÈME VASCULAIRE SECONDAIRE EST TARDIF.

Chez toutes les Dicotylédones de cette section, dont j'ai étudié le tégument radical, j'ai constaté que la membrane périphérique du cylindre central ne produit pas de liège et, lorsqu'elle se divise, n'engendre qu'un petit nombre d'assises cellulaires. Il y a lieu de distinguer parmi ces plantes celles qui sont herbacées et celles qui sont ligneuses.

§ 1. — Plantes herbacées

Chez ces Végétaux, communs surtout dans les familles des Renonculacées, Nymphéacées et Aristolochiées (1), je n'ai observé en aucune région du tégument la formation d'un liège en zone continue. Le parenchyme cortical primaire persiste ou s'exfolie jusqu'à l'endoderme exclusivement, *suivant la durée de la vie de la racine.* Il importe de remarquer à ce sujet que la racine peut bien n'être que bisannuelle ou même simplement annuelle, alors que la plante est vivace. Il en est ainsi chez beaucoup de végétaux qui sont, comme les *Delphinium*, pourvus d'un rhizome, ou se régénèrent chaque année, comme les

(1) M. Van Tieghem a fait remarquer dans son *Mémoire sur la Racine* (pages 267 et suiv.) que chez les Nymphéacées et les Aristolochiées les vaisseaux secondaires se développent tardivement et en faible abondance, surtout chez les Nymphéacées. J'ai reconnu qu'il en est de même chez beaucoup de Renonculacées et particulièrement de Renoncules, chez plusieurs Gentianées, quelques Primulacées et certaines espèces appartenant aux familles des Polygonées, des Scrofularinées, des Jasminées et des Margraviacées.

Renoncules, au moyen de réserves nutritives accumulées à la base de leurs jeunes bourgeons.

RENONCULACÉES. — Les formations vasculaires secondaires des racines sont de plus en plus tardives et de plus en plus médiocres chez les *Thalictrum*, les Anémones et les Renoncules.

Les *Thalictrum* sont des plantes vivaces pourvues d'un rhizome. Sur toutes les racines de *Thalictrum lucidum* dont j'ai suivi le développement, j'ai toujours constaté qu'elles étaient âgées de moins de deux ans. Dans ces racines, les vaisseaux secondaires n'apparaissent pas très tardivement, de sorte qu'une grande partie de l'écorce primaire est exfoliée de bonne heure ; mais ces vaisseaux ne se forment qu'en petite quantité, ce qui n'entraîne qu'une très faible extension du cylindre central. Aussi l'avant-dernière assise corticale persiste-t-elle pendant longtemps autour de l'endoderme : elle se compose de grandes cellules isodiamétriques dont les parois s'épaississent légèrement et se subérifient (fig. 76).

L'endoderme est persistant ; il fait fonction d'épiderme (1). Il porte sur ses parois radiales des plissements qui sont très nets dans le jeune âge et deviennent moins visibles après que les cellules endodermiques ont subi chacune plusieurs divisions radiales pour suivre l'extension du cylindre central.

Je n'ai constaté, dans cette racine, l'existence d'aucun manchon subéreux, tandis que j'en ai reconnu dans la tige et le rhizome de la même plante. M. C.-E. Bertrand (2) a donné une figure schématique très exacte d'une coupe transversale de la racine du *Thalictrum lucidum ;* il y indique la présence d'un liège abondant. L'auteur décrit sous ce nom un tissu qui n'est autre que le parenchyme tégumentaire secondaire cen-

(1) M. Jörgensen, *loc. cit.*, a observé quelques divisions radiales et quelques divisions tangentielles dans l'endoderme des *Thalictrum*. Les cellules issues de ce cloisonnement ne me paraissent pas constituer un liège bien défini. J'ai constaté de semblables divisions chez les *Delphinium*.

(2) C.-E. Bertrand. Théorie du Faisceau in *Bull. Scient. du département du Nord*. 2e série, 3e année, 1880. Nos 2, 3 et 4.

trifuge dont j'ai indiqué les caractères chez beaucoup de plantes. Pour justifier la qualification de liège qu'il lui donne, M. Bertrand fait remarquer que, selon lui, un tissu doit être défini par son origine et sa position. Je crois que la structure anatomique et le mode de formation doivent entrer aussi dans la définition. Or, je n'ai pas trouvé au tissu qualifié de subéreux par M. Bertrand les caractères morphologiques du liège.

Chez les *Delphinium* (phot. 30), Renonculacées annuelles, il n'y a pas non plus de liège, tout au plus s'en forme-t-il quelques cellules dans l'endoderme; la plus grande partie de l'écorce primaire de la racine s'exfolie. L'endoderme et les deux ou trois assises qui le recouvrent persistent toujours. Pour se prêter à l'extension du cylindre central, l'endoderme subit d'assez fréquentes divisions radiales. Les cellules du parenchyme cortical primaire sont d'abord fortement étirées dans le sens tangentiel. A la longue, elles subissent la subérification chimique, ainsi que l'endoderme. La membrane périphérique du cylindre central reste généralement simple ou présente seulement quelques divisions tangentielles isolées. Elle ne donne pas de parenchyme secondaire en zone continue.

Au contraire, chez les *Anemone*, l'assise péricambiale donne naissance, comme chez les *Thalictrum*, à un parenchyme secondaire centrifuge formant, dans les parties âgées, un anneau complet. Elle n'engendre pas de liège, l'écorce primaire étant persistante. Chez l'A. *pensylvanica* et l'A. *pulsatilla*, l'assise épidermoïdale, de bonne heure mise à nu, se compose de grandes cellules arrondies, à parois brunes. Sur les parties âgées, les cloisons radiales se fendent, ce qui rend les cellules indépendantes; alors quelques-unes tombent, et ainsi a lieu leur exfoliation; cette exfoliation n'est pas complète, beaucoup de cellules épidermoïdales restant accolées au parenchyme sousjacent. Le parenchyme cortical primaire se compose de grandes cellules qui s'élargissent et s'étendent surtout dans le sens tangentiel à mesure que les productions secondaires du cylindre central augmentent le diamètre transversal de la racine; enfin, quand elles ont acquis leurs plus grandes dimensions, elles se divisent par cloisonnement radial. Ces cellules ne laissent entre elles aucun méat, même au voisinage de l'endoderme. Leurs dimensions décroissent depuis la deuxième assise du parenchyme jusqu'à l'endoderme. Un grand nombre d'entre elle, surtout de celles qui sont situées vers la périphérie, portent des épaississements en forme de bandes réticulées, entrecroisées et quelquefois semi-spiralées.

La membrane protectrice se compose de cellules relativement très petites : leurs parois, notamment leur paroi tangentielle externe, sont épaisses.

La membrane péricambiale est mince ; elle donne naissance à un parenchyme secondaire centrifuge qui subit de réquentes divisions radiales. Les réserves nutritives s'accumulent dans ce parenchyme et dans le parenchyme cortical primaire, qui est toujours persistant.

Les *Renoncules* (fig. 77 et phot. 32, 33) et les espèces du genre *Ficaria* (phot. 35, 36) sont de toutes les Renonculacées et, si l'on y joint les Nymphéacées, je crois qu'on peut dire de toutes les Dicotylédones, celles où les vaisseaux secondaires se développent le moins dans la racine. Ces plantes sont vivaces ; mais, ainsi que je l'ai déjà fait observer, les racines des Renoncules ne durent jamais une année. Aussi est-ce à peine si très tardivement apparaissent dans le cylindre central de ces racines quelques vaisseaux secondaires.

En harmonie avec cette disposition du système vasculaire, l'écorce primaire est en totalité persistante. La membrane périphérique du cylindre central reste constamment simple ; elle engendre les radicelles, mais ne produit aucun tissu dans la racine à laquelle elle appartient. L'endoderme est constitué par de petites cellules dont les parois s'épaississent toutes uniformément.

Le parenchyme cortical, relativement très développé chez certaines espèces, se compose de grandes cellules arrondies à parois minces. Ces éléments sont disposés en séries irrégulièrement alternantes et, par les progrès de l'âge, laissent entre eux d'assez longs méats. Ils se développent dans le sens centrifuge. L'assise pilifère s'exfolie le plus souvent, tandis que les deux premières assises sous-jacentes épaississent un peu leurs parois et jouent le rôle d'un double épiderme (phot. 32, 33).

J'ai décrit plus haut (1) les modifications que présente l'écorce des Renoncules, suivant le genre de vie de ces plantes.

Quand on compare le système tégumentaire de la racine à celui de la tige chez les Renoncules, on est frappé du grand développement que l'écorce prend dans la racine et du petit nombre des assises dont elle se compose dans la tige (phot. 34). Dans ce dernier membre, les faisceaux vasculaires sont situés à une petite distance de la périphérie, et c'est aussi bien à l'intérieur du cercle qu'ils circonscrivent qu'à l'extérieur que s'accumulent dans le tissu cellulaire les réserves nutritives de la plante. Ces réserves sont de beaucoup plus abondantes dans la racine, et c'est uniquement à l'extérieur du cylindre central, dans le parenchyme cortical, qu'on les trouve.

Dans la tige comme dans la racine, le système tégumentaire des Renoncules ne présente point de liège : il est donc de tout point comparable au système tégumentaire des Monocotylédones, chez lesquelles ce tissu fait défaut (ex. : Racines grêles, telles que celles de l'*Oporanthus luteus*).

Chez la Ficaire (*Ficaria grandiflora*), bien que certaines racines se renflent en gros tubercules, les productions vasculaires secondaires sont aussi rares que chez les Renoncules (2). Aussi le parenchyme cortical primaire y est-il également persistant : il acquiert un développement considérable ayant surtout pour mission d'emmagasiner l'amidon : cette substance se localise principalement dans les plus grandes cellules de la zone moyenne de l'écorce (phot. 36); elle est néanmoins abondante dans les autres régions; on en trouve jusque dans l'assise pilifère elle-même, car cette assise (phot. 35) est constamment persistante chez la Ficaire.

(1) 1e part., sect. 1, chap. II, § 2.

(2) M. Ph. Van Tieghem, dans son *Mém. sur la Racine*, p. 266, a signalé le *Ficaria Ranunculoïdes*, comme offrant ce phénomène d'une façon remarquable.

Nymphéacées. — La structure de la racine du *Nuphar luteum* a été, pour ce qui concerne le cylindre central, soigneusement décrite par M. Trécul (1) et M. Ph. Van Tieghem (2). M. Trécul a fait voir que la racine de cette plante conserve pendant longtemps la structure caractéristique des Monocotylédones, et M. Van Tieghem que l'organisation secondaire propre aux Dicotylédones y apparaît, bien que très tardivement.

Les 4 phot. 37,38,39,40 montrent que, les productions vasculaires secondaires étant extrêmement tardives et pour ainsi dire nulles, l'écorce primaire persiste toujours. En comparant ces photographies qui représentent le cylindre central et l'écorce à différentes phases du développement de la racine, il est facile de suivre la formation de lacunes aérifères (3).

Gentianées. — Dans la famille des Gentianées, les genres *Menyanthes* et *Villarsia* présentent une organisation qui les rapproche, quant à la racine, des Renoncules et des *Nymphæa*. Ainsi chez le *Menyanthes trifoliata* et le *Villarsia nymphoïdes*, les racines, en raison de la vie aquatique de la plante, n'offrent que des productions vasculaires secondaires extrêmement faibles.

Chez celles du *Menyanthes trifoliata* le parenchyme cortical primaire, qui est persistant, laisse entre ses cellules, à mesure qu'il s'agrandit, de grands méats qui livrent passage aux gaz. Ces méats sont très peu accusés, lorsque le diamètre de la racine est très-faible. Il en est ainsi chez les jeunes radicelles; l'assise pilifère s'y exfolie et par places les assises sous-jacentes s'accroissent en se divisant tangentiellement.

Les lacunes aérifères présentent un autre caractère chez le *Villarsia nymphoïdes* (fig. 63, phot. 41); elles affectent la disposition rayonnante que j'ai décrite chez les *Calla palustris*, les *Typha* et les *Pontederia*. Autour du cylindre central qui con-

(1) Trécul. *Ann. sc. nat.*, 3e série, t. IV, 1845.
(2) *Loc. cit.*, p. 267 et suiv.
(3) 1re part., section 1, chap. II, § 2.

serve pour ainsi dire continuellement son organisation primaire, on remarque un endoderme à parois minces, légèrement jaune, recouvert de quatre, cinq ou six assises de cellules à parois blanches et très minces, disposées en séries concentriques et en files radiales d'une grande régularité.

La zone moyenne du parenchyme cortical ne se compose que de minces bandes rayonnantes de cellules séparées par des lacunes également allongées suivant le rayon. La phot. 41 montre que dans le jeune âge ces lacunes n'existent pas.

La zone externe offre, quoique avec moins de régularité, les caractères de la zone interne : les trois ou quatre assises cellulaires qui la constituent y sont superposées : les méats que laissent entre elles les cellules, sont quadrangulaires. L'assise pilifère est le plus souvent exfoliée : l'assise épidermoïdale ne comprend que de très petites cellules, dont les parois sont un peu plus épaisses que celles des cellules sous-jacentes.

PRIMULACÉES. — Le *Samolus Valerandi* doit être rapproché des espèces précédentes sous le rapport de l'organisation primaire de sa racine, qui est extrêmement prolongée dans le cylindre central et qui persiste constamment dans le système tégumentaire. Les jeunes radicelles du *Samolus Valerandi* ont la même organisation que celles du *Villarsia nymphoïdes*. Lorsque les radicelles du *Samolus* s'accroissent, les cellules du parenchyme cortical se multiplient, surtout par voie de division tangentielle : elles laissent entre elles des méats quadrangulaires dont les dimensions augmentent en même temps que le diamètre de la racine.

SCROFULARINÉES. — La *Veronica pallida* présente l'exemple d'une Scrofularinée chez laquelle le système vasculaire secondaire, quoique un peu plus abondant que chez les espèces précédentes, est toutefois extrêment tardif. L'écorce primaire, qui atteint chez cette espèce une épaisseur considérable, puisqu'elle comprend jusqu'à environ 25 assises cellulaires, est toujours persistante, y compris l'assise pilifère elle-même. Cette assise se compose de grandes cellules à parois minces, un peu allongées dans le sens radial. Les assises sous-jacentes sont alternantes; elles sont constituées par des cellules de moyenne grandeur, qui sont toutes arrondies et laissent entre elles de petits méats triangulaires ou quadrangulaires.

Les cellules ne sont superposées en files radiales que sur les trois ou quatre assises qui entourent l'endoderme. Les éléments de cette dernière membrane sont extrêmement petits. Lorsque apparaissent les vaisseaux secondaires ils se divisent radialement; ils conservent toujours des parois minces.

Polygonées. — Bien que la famille des Polygonées ne soit pas éloignée des Chénopodées, dont j'ai décrit la précoce exfoliation de l'écorce primaire, elle présente plusieurs espèces chez lesquelles le système tégumentaire primaire de la racine demeure absolument invariable : tel est le *Polygonum amphibium* (phot. 43, 44).

Les productions vasculaires du cylindre central sont tardives et peu abondantes; l'endoderme, après s'être un peu étendu, subit un épaississement considérable ainsi que les deux ou trois assises qui le recouvrent : ainsi le cylindre central est entouré d'un anneau protecteur très rigide : les éléments de cet anneau paraissent subérifiés, car ils jaunissent sous l'influence du chloroiodure de zinc après avoir été traités par l'acide nitrique bouillant et lavés à l'eau.

Le parenchyme cortical qui entoure cet anneau se compose de cellules plus grandes : elles sont toutes disposées en assises très régulièrement superposées, dont le développement semble être centripète : elles laissent entre elles des méats quadrangulaires très prononcés. L'assise pilifère est presque toujours exfoliée.

Aristolochiées. — Les racines des Aristolochiées présentent un médiocre développement secondaire. Ces plantes sont souvent pourvues de rhizomes rampants. Il en est ainsi chez l'*Asarum europeum*. Chez cette espèce, la racine reste toujours grêle; les formations vasculaires secondaires y apparaissent assez tardivement, moins tard cependant que chez les espèces qui viennent d'être décrites. Le parenchyme cortical primaire est persistant. Il acquiert un développement relativement grand dans les parties âgées (phot. 45) et présente deux zones bien distinctes : l'externe se compose de cellules qui ne laissent entre leurs parois un peu épaissies aucun méat, et dont les dimensions décroissent à mesure qu'elles s'éloignent du centre. La zone interne est la plus considérable : les assises qui la constituent ne sont pas régulièrement superposées ; mais leurs éléments cellulaires en s'accroissant étirent leurs minces parois au point de former de petits méats à leurs angles.

L'endoderme est formé de très petites cellules dont les parois radiales sont d'abord plissées. Ces cellules se multiplient par voie de cloisonnement radial lorsque l'introduction du bois et du liber secondaires élargit le cylindre central. Ainsi s'étend la membrane protectrice en perdant simultanément ses plissements originels.

L'assise périphérique du cylindre central subit aussi des divisions radiales. C'est à peine si de place en place elle donne naissance à quelques éléments parenchymateux, le tissu conjonctif central de la racine se développant en même temps que les faisceaux et servant comme le parenchyme cortical primaire à l'accumulation de l'amidon.

Je n'ai jamais observé la moindre formation de liège dans cette racine, non plus que dans celles que j'ai décrites au présent paragraphe.

§ 2. — Plantes ligneuses.

Dans son mémoire sur la Racine (1), M. Ph. Van Tieghem cite les Pipéracées et les Clusiacées comme les types des plantes ligneuses chez lesquelles les vaisseaux secondaires se forment tardivement. Il convient d'y joindre les Marcgraviacées. On doit remarquer que chez ces plantes, précisément parce qu'elles sont ligneuses, les racines peuvent acquérir un fort diamètre transversal, les vaisseaux secondaires se développant pendant

(1) *Ann. sc. nat.*, 5e série, t. XIII, 1870.

longtemps. Le système tégumentaire présente en conséquence des formations secondaires très remarquables, qui demandent à être exposées en détail.

PIPÉRACÉES. — Lors de l'organisation primaire; une coupe transversale de la racine d'une Pipéracée ligneuse : l'*Arthante potifolia*, montre un parenchyme cortical primaire très-développé : il se compose d'assez grandes cellules à parois minces dans lesquelles on ne peut encore surprendre aucune formation subéreuse, bien que l'assise pilifère soit exfoliée.

Cette organisation persiste pendant longtemps, car une série de coupes faites à des niveaux assez élevés permet de s'assurer que, lors de l'introduction des vaisseaux secondaires dans le cylindre central, l'écorce primaire ne subit aucune modification, si ce n'est que ses cellules se divisent à la fois dans le sens tangentiel et dans le sens radial. Ce n'est que lorsque le *diamètre tranversal* de la racine se trouve au moins quadruplé qu'apparaissent dans les assises externes de l'écorce les premières divisions tangentielles destinées à produire du liège (phot. 47). Le diamètre augmentant, le liège finit par former, mais toujours très tardivement, un anneau continu autour du parenchyme cortical primaire.

Les cellules de ce parenchyme, renfermant de l'huile et une grande quantité d'amidon, conservent constamment des parois très minces. Il en est de même de l'endoderme et de la membrane périphérique du cylindre central : ces deux membranes subissent de fréquentes divisions radiales : la dernière est aussi le siège d'un très petit nombre de divisions tangentielles, d'où procèdent des cellules de parenchyme secondaire ; ces cellules ne constituent guère plus de deux ou trois assises; leurs parois sont toujours minces.

CLUSIACÉES. — Dans cette famille, les racines acquièrent souvent un fort diamètre. Comme chez les *Arthante*, l'écorce primaire persiste dans la racine de *Clusia niboniana* ; ses cellules se multiplient par voie de division radiale et de division tangentielle, quand se forment le bois et le liber secondaires (1).

La cuticule de l'assise pilifère brunit et s'épaissit de bonne heure.

Les premières assises du parenchyme cortical donnent naissance à une mince couche de liège, mais tardivement, lorsque le diamètre de la racine s'est trouvé doublé ou triplé par les productions secondaires du cylindre central. L'assise pilifère et les premières assises du liège sont le plus souvent exfoliées.

La membrane péricambiale ne subit en dedans et en dehors qu'un très petit nombre de divisions et finit par s'épaissir elle-même, cessant ainsi d'être génératrice. En s'épaississant, les éléments cellulaires externes qu'elle engendre se canaliculisent et s'encroûtent fortement. M. Ph. Van Tieghem a décrit un phénomène semblable chez la *Clusia flava* (2).

MARCGRAVIACÉES. — J'ai étudié les racines aériennes du *Ruyschia souroubea*. Elles sont très remarquables par la persistance de leur écorce primaire et ce fait qu'elles peuvent acquérir une très grande longueur avant toute introduction d'éléments secondaires dans le cylindre central. Elles sont donc, de toutes les racines ligneuses que j'ai examinées, celles où les vaisseaux secondaires se forment le plus tardivement.

A cette organisation du cylindre central correspond une structure de l'écorce comparable à celle des Monocotylédones.

En effet, sur une coupe transversale pratiquée à une faible distance du sommet, on voit une assise pilifère déjà pourvue d'une forte cuticule, destinée à brunir considérablement dans la suite, puis un parenchyme cortical qui présente les deux zones normales, bien que d'une façon un peu irrégulière.

A un niveau un peu plus élevé, la membrane épidermoïdale est le siège d'un cloisonnement tangentiel centripète suivi de subérification chimique.

Le *liège* ainsi engendré est absolument comparable à celui

(1) L'écorce présente des *Laticifères* et des cellules sécrétantes, 1re part., sect. I, chap. IV.

(2) *Loc. cit.*, p. 262

qui se forme d'ordinaire chez les Monocotylédones. Il lui ressemble à la fois par son origine, sa situation et sa structure. Il se compose, en effet, de cellules à parois blanches, minces et flexueuses, beaucoup plus étendues dans le sens radial que dans le sens tangentiel. Le plus souvent les cloisons tangentielles des diverses cellules appartiennent à des circonférences différentes (fig. 72).

Le liège constitue un manchon relativement très épais autour de la grêle racine aérienne de *Ruyschia;* il se régénère constamment par sa face interne, et continue encore à s'accroître pendant que le bois et le liber secondaires se développent. Alors ses cellules les plus âgées se trouvent pressées contre l'assise pilifère; leurs parois radiales deviennent flexueuses, puis se replient sur elles-mêmes; bientôt les parois tangentielles s'accolent les unes au-dessus des autres et se colorent en brun. Les cellules plus jeunes conservent les caractères que j'ai précédemment décrits (fig. 72 et phot. 46).

Dans les racines souterraines de la même plante, le liège est plus tardif.

Pendant le développement des formations secondaires, les cellules du parenchyme cortical épaississent leurs parois. Elles sont comprimées entre le cylindre central et le liège, qui les fait paraître d'autant plus irrégulières que la racine est plus âgée.

Je n'y ai point observé de divisions, soit radiales, soitt angentielles permettant un accroissement en rapport avec l'agrandissement du cylindre central.

Cette remarque s'applique aussi à l'endoderme.

Quant à la membrane péricambiale, elle ne subit que deux ou trois divisions tangentielles, sauf dans celles de ses cellules sur lesquelles s'appuient les faisceaux ligneux primaires; le tissu qui dérive du cloisonnement centrifuge de ces cellules relie les arcs générateurs du bois et du liber secondaires situés à la face interne du liber primaire, la racine est ainsi pourvue d'un manchon cambial qui organise du bois en dedans et du liber en dehors.

Le rayon issu de la membrane péricambiale au-dessus de chaque faisceau ligneux primaire reste parenchymateux ; ses parois demeurent cellulosiques, susceptibles d'être colorées en bleu par l'iode et l'acide sulfurique.

Les cellules qui dérivent des deux ou trois divisions centrifuges de la membrane périphérique à l'intérieur épaississent considérablement leurs parois, les encroûtent, ne communiquant entre elles que par de minces canalicules.

Jasminées. — A la suite des plantes que je viens de décrire, doit prendre place le *Jasminum humile*, un liège se formant dans l'écorce primaire de la racine.

Cet arbrisseau est pourvu de *pousses souterraines* qui donnent naissance à un grand nombre de racines. La plupart de celles-ci demeurent grêles dans toute leur longueur. L'apparition des vaisseaux secondaires y est relativement tardive, si l'on compare leur développement à celui du bois secondaire chez les plantes des familles voisines, les Oléinées par exemple.

A mesure que le cylindre central s'élargit, les cellules de l'écorce primaire, y compris celles de l'endoderme, se multiplient par voie de division radiale ; si bien que dans les parties un peu âgées les éléments endodermiques ne se distinguent pas des cellules qui les recouvrent. Les plissements des faces radiales ont disparu.

L'assise pilifère s'exfolie généralement dans les parties les plus âgées.

L'assise épidermoïdale, ou, si elle est cutinisée, la racine, restant longtemps grêle, l'assise sous-jacente engendre un manchon continu de liège. Ce tissu se développe en direction centripète. Il se compose de grandes cellules à parois minces, de forme tabulaire, et il ne se produit que loin du sommet, à un niveau où le bois secondaire constitue un anneau bien complet.

Résumé

De l'examen des Dicotylédones chez lesquelles le système vasculaire secondaire est tardif, il résulte que chez les plantes qui viennent d'être décrites :

1° L'écorce primaire est d'autant plus persistante que les productions vasculaires secondaires sont plus tardives, et, pour les espèces herbacées, que la durée de la racine est moindre.

2° Aucun liège constituant un anneau complet ne se produit dans le système tégumentaire des espèces herbacées; et même chez la plupart de ces espèces aucune trace de cellule subéreuse n'est visible.

3° Un liège se forme dans le parenchyme cortical primaire des espèces ligneuses. Ce liège y occupe la même situation et y présente les mêmes caractères que chez les Monocotylédones; il est d'autant plus abondant que le diamètre du membre est plus grand; plus précoce dans les racines aériennes que dans les racines terrestres.

4° Chez ces espèces ligneuses, la membrane périphérique du cylindre central ne subit qu'un très petit nombre de segmentations tangentielles. Les cellules des assises externes qu'elle engendre sont dans certains cas susceptibles de s'épaissir et de s'encroûter, de façon à former un manchon protecteur autour de l'appareil vasculaire.

CONCLUSIONS

Des recherches que je viens d'exposer, il résulte que le tégument radical présente des caractères et des phénomènes que je puis résumer ainsi :

Tissus primaires.

La *coiffe* se développe très différemment, suivant le genre de vie (aquatique, terrestre ou aérien) de la racine. Elle renferme souvent une abondance considérable de matières nutritives et de produits de désassimilation.

L'*assisse pilifère* qu'elle recouvre correspond morphologiquement, non à l'épiderme de la tige, mais en général à l'une des assises parenchymateuses sous-épidermiques de ce membre.

Chez certaines espèces, la membrane pilifère engendre par voie de division taugentielle un *voile* de cellules spiralées. Ce voile est très précoce ; il se développe sous la coiffe, près du sommet. Les racines aériennes ne sont pas les seules où il se forme ; je l'ai trouvé dans quelques racines souterraines (*Imantophyllum*). Il manifeste dans les parties âgées aériennes les réactions chimiques du suber.

Les poils de l'assise pilifère apparaissent à une petite distance du sommet, souvent même immédiatement au-dessus de la coiffe. Sur les racines dont les parties âgées ont acquis un certain diamètre transversal, la région inférieure présente généralement des poils actifs ; la région moyenne, des poils morts, ainsi que les cellules qui les portent, tandis que l'assise pilifère n'existe plus dans la région supérieure.

Les végétaux dépourvus de poils radicaux sont peu nombreux ; j'ai reconnu cependant qu'ils comprennent la plupart des *Épidendrées* et des *Vandées*.

Les poils radicaux, ordinairement simples, très rarement rameux, sont unicellulaires chez la grande majorité des plantes. Il y en a de pluricellulaires sur les racines des Broméliacées (Jörgensen). Le développement de ces organes est favorisé par le contact d'une surface humide.

L'existence de la membrane pilifère est le plus souvent *transitoire*. Quand elle s'exfolie, c'est la première assise sous-jacente du parenchyme cortical qui la remplace.

Cette assise, que je désigne avec M. Gérard (1) sous le nom de *membrane épidermoïdale*, joue alors le rôle physiologique d'un véritable épiderme, à moins qu'elle n'ait déjà donné naissance à un liège avant la chute de l'assise pilifère.

Ses parois radiales, transverse et surtout sa paroi externe s'épaississent et se subérifient fortement chez un grand nombre de plantes, notamment dans les racines aériennes de la plupart des Aroïdées.

Des deux *zones* distinctes que le parenchyme cortical présente ordinairement, j'ai constaté qu'en général l'interne acquiert très tôt le nombre définitif de ses assises, bien avant que

(1) 1re partie, sect. I, chap. II, § 1.

les cellules de la zone externe aient cessé de se multiplier. Ainsi, quand, à l'état primaire, la racine grossit, le nombre des assises de la zone externe s'accroît tandis que le nombre des assises de la zone interne reste constant dès que l'endoderme est différencié ; c'est par l'agrandissement de chacune de ses cellules que la zone interne augmente de volume. Ce développement explique l'abondance des *méats intercellulaires* dans cette zone. L'examen critique auquel je me suis livré à ce sujet ne laisse, je crois, aucun doute sur ce point. Jusqu'alors on ne s'était pas rendu compte de ce phénomène, la tension des membranes cellulaires semblant au premier abord devoir augmenter de l'intérieur à la périphérie du tégument, en raison même de l'étendue croissante des surfaces.

L'influence de la vie aquatique des racines sur leur parenchyme cortical se traduit par la formation de *grandes lacunes;* chez beaucoup de plantes elles affectent la disposition rayonnante (*Calla palustris*) ; chez d'autres elles sont disséminées en séries circulaires irrégulièrement alternantes (*Nupharluteum*).

Dans ces racines aquatiques, la zone interne normale de l'écorce est toujours représentée par plusieurs *assises concentriques* dont les éléments *cubiques* sont superposés en files radiales et laissent entre eux des méats *quadrangulaires* sur la coupe transversale. Les parois de ces éléments restent minces.

Chez les Broméliacées, les cellules de la zone moyenne et de la zone interne du parenchyme cortical subissent un épaississement considérable.

Des phénomènes du même ordre s'observent chez un grand nombre de Cryptogames vasculaires ; j'ai fait voir que chez ces végétaux l'épaississement commence par la dernière ou l'avant-dernière assise de l'écorce en regard des faisceaux libériens et s'étend progressivement en direction centrifuge aux autres assises.

Les *méats oléo-résineux* du tégument sont généralement plus étroits et moins développés dans la racine que dans la tige. Le nombre de ces canaux, quand il n'est pas le même dans la racine que dans la tige, est moins élevé dans la racine, ce dernier cas étant le plus fréquent. Chez les espèces où il a été constaté que la tige n'en présente pas, il n'y en a pas non plus dans la racine.

Les *cellules scléreuses* sont rares dans l'organisation primaire du tégument des racines. J'ai fait voir que chez certaines Amaryllidées les cellules de la zone interne du parenchyme cortical se sclérifient, formant autour du cylindre central un manchon protecteur d'une grande solidité.

Dans les grosses racines des *Monstérinées*, un manchon analogue existe, mais il est moins épais et il est séparé de l'endoderme par plusieurs assises de cellules demeurées minces. Les cellules scléreuses sont surtout abondantes à la base des radicelles traversant le parenchyme cortical ; elles forment tout autour un anneau complet. Elles présentent des canalicules rameux et contiennent de très petits grains d'amidon.

Le *prosenchyme* constitue des faisceaux épais dans l'écorce des racines de certaines Monocotylédones, qui, destinées à soutenir la plante, doivent avoir dès leur origine un fort diamètre transversal (*Pandanus*). Aussi l'épaisseur du tégument est-elle dans ces racines moindre que dans les autres. Cette remarque me conduisit à entreprendre des mesures comparatives d'où il résulte que :

Sur les coupes ne présentant que l'organisation primaire, les dimensions relatives du cylindre central sont généralement moindres chez les Cryptogames vasculaires que chez les Monocotylédones, moindres chez ces dernières que chez les Dicotylédones.

On ne connaît de *poils internes* que dans le parenchyme cortical des *Monstérinées*.

Tissus Secondaires et Assises primaires dont ils procèdent

I. Les tissus secondaires du tégument radical sont parenchymateux, ou de nature soit subéreuse, soit sclérenchymateuse. Le parenchyme secondaire dérive toujours de la membrane périphérique du cylindre central ; les autres tissus procèdent de cette membrane ou des assises externes de l'écorce (1), suivant le genre de vie des racines et les groupes taxonomiques auxquels elles se rapportent.

On ne connaît pas de Cryptogame vasculaire chez laquelle la membrane périphérique ou l'endoderme engendre des tissus secondaires. Il en est de même chez toutes les Monocotylédones que j'ai décrites (2). Chez ces dernières plantes, c'est la membrane périphérique qui est rhizogène. Elle est le plus souvent simple. Cependant chez le *Monstera* on y remarque parfois plusieurs assises alternantes ; chez les *Smilax*, et notamment le *S. excelsa*, les premiers vaisseaux sont séparés de l'endoderme par plusieurs assises de cellules dont les parois s'épaississent beaucoup et se canaliculisent simultanément. Mais chez les autres plantes il est rare qu'il en soit ainsi : dans la plupart des cas, les faisceaux tant libériens que ligneux sont immédiatement recouverts par une assise périphérique unique et continue. Comme (sauf chez les Graminées, où elle n'existe qu'en face du liber) elle contient les cellules rhizogènes au-dessus des vaisseaux ligneux, en général, *c'est seulement au-dessous du liber que ses éléments s'épaississent et subissent la subérification chimique.*

Ce phénomène, dans tous les cas où je l'ai observé, est concomitant de l'épaississement des cellules endodermiques et a pour but de *protéger les faisceaux libériens.* J'ai montré que l'endoderme tend plus encore que l'assise rhizogène à épaissir ses parois et à se subérifier soit dans toute son étendue soit seulement en regard du liber. Ce dernier cas est surtout fréquent dans les racines aériennes.

Les cellules endodermiques épaissies offrent sur une coupe

(1) Dans un très petit nombre de cas, l'endoderme, en subissant quelques divisions tangentielles, peut engendrer quelques cellules subéreuses, par exemple chez les *Thalictrum* et les *Delphinium.* Mais les cellules formées de la sorte sont isolées ; elles ne constituent pas un tissu proprement dit.

(2) Je réserve ici le cas des *Aletris* et des diverses espèces de *Dracœna,* n'ayant pu me procurer d'assez grosses racines de ces plantes pour y étudier les productions secondaires.

transversale la forme *tabulaire* ou celle d'un *fer à cheval* canaliculé. Dans l'une et l'autre de ces deux formes ce sont la paroi tangentielle interne, la paroi transversale, puis les parois radiales, qui s'épaisssissent et se subérifient les premières, la paroi tangentielle externe pouvant rester encore longtemps mince.

Chez les *Gymnospermes*, l'écorce primaire atteint aussi un haut degré de complication : les éléments endodermiques et même beaucoup de cellules du parenchyme cortical, suivant les espèces, sont pourvues de bandes d'épaississement ; en outre, les parois *radiales* de l'endoderme, chez plusieurs Conifères, s'épaississent énormément, offrant sur une coupe transversale une forme elliptique ; elle se subérifient complètement.

II. Chez les Dicotylédones, les parois de l'endoderme ne s'épaississent fortement qu'après la chute des assises qui le recouvrent. J'ai montré que chez ceux de ces végétaux où le système vasculaire est précoce, et chez les Gymnospermes, la membrane péricambiale organise en dedans en se cloisonnant tangentiellement un « parenchyme tégumentaire secondaire». Au contraire, chez les Dicotylédones, où j'ai fait voir que les vaisseaux secondaires sont tardifs, la membrane rhizogène reste simple ou ne subit qu'un petit nombre de divisions tangentielles.

Le parenchyme tégumentaire secondaire se développe en direction *centrifuge*. Il se compose de grandes cellules dont les parois demeurent minces et cellulosiques ; ces cellules laissent entre elles peu de méats, parce que, toujours actives, elles subissent, après avoir été étirées dans le sens tangentiel, de fréquentes divisions, notamment dans le sens radial. Une grande partie des réserves nutritives nécessaires à la plante pour son évolution ultérieure, la floraison et la fructification s'accumule dans ce tissu, qui forme un manchon continu à la périphérie du cylindre central.

L'épaisseur de ce manchon est soumise à de grandes variations. Les Dicotylédones à écorce primaire caduque présentent à cet égard deux types de structure bien distincts, dont j'ai décrit les principaux caractères (page 113).

J'ai généralement constaté chez les *Corolliflores* et les *Monochlamydées* une ligne de démarcation très-nette entre le parenchyme tégumentaire secondaire et les éléments libériens. Cette démarcation est due à l'épaississement des fibres ibériennes externes. Au contraire, chez les *Thalamiflores* et les *Caliciflores* à écorce primaire caduque que j'ai décrites, le liber primaire ne s'épaissit pas ; le plus souvent il se résorbe; le liber secondaire se compose en majeure partie d'éléments parenchymateux et, bien qu'ils soient centripètes, il est souvent très difficile de préciser la limite qui les sépare du parenchyme centrifuge issu de l'assise péricambiale.

Je me suis efforcé de déterminer en quels points de l'assise périphérique du cylindre central apparaissent les premières divisions tangentielles d'où procède le parenchyme tégumentaire secondaire. Lorsque l'inégale rapidité de la formation de ce parenchyme m'a permis de faire cette observation, comme chez le *Faba vulgaris* et le *Sambucus pubescens*, c'est en regard des *faisceaux ligneux primaires* que j'ai vu la membrane péricambiale se diviser pour lui donner naissance.

Souvent aussi cette membrane subit des divisions radiales, avant même de se cloisonner tangentiellement, lorsque l'extension du cylindre central l'exige.

III. — *La durée de l'écorce primaire est subordonnée au mode de développement du système vasculaire*. En général, cette écorce persiste chez : 1° les Cryptogames vasculaires; 2° les Monocotylédones (1); 3° les Dicotylédones dans la racine desquelles les vaisseaux secondaires sont très tardifs (*Ranunculus*) (2) ou bien, précoces, ne se forment qu'en petit nombre et pendant un temps relativement court (*Faba vulgaris*).

(1) Je rappelle ici la réserve que j'ai faite au sujet des *Aletris* et des *Dracæna*.

(2) J'ai dit que de nombreuses transitions relient les Dicotylédones à vaisseaux secondaires tardifs et celles où ces vaisseaux sont précoces : tels sont les *Thalictrum* et les *Delphinium*. Dans ces deux genres l'écorce primaire est presque complétement exfoliée. De plus, l'endoderme est susceptible de quelques divisions tangentielles.

Parmi ces végétaux, ceux chez lesquels j'ai constaté la formation d'un liège bien caractérisé appartiennent soit aux Cryptogames vasculaires, soit aux Monocotylédones, soit aux Dicotylédones *ligneuses* dont les vaisseaux secondaires sont très tardifs (*Ruyschia*).

Chez ces plantes, le liège procède toujours de l'une des assises périphériques du parenchyme cortical. Il ne dérive jamais de la membrane périphérique du cylindre central.

Tout au contraire, c'est cette membrane qui l'engendre chez les Gymnospermes et les Dicotylédones dans la racine desquelles j'ai décrit des formations vasculaires secondaires, précoces, rapides, abondantes et prolongées. L'écorce primaire est alors caduque, et n'est génératrice d'aucun tissu secondaire.

IV. *Éléments subéreux issus de la membrane péricambiale.* — Dans les racines où elle organise du liège, la membrane péricambiale se cloisonne tangentiellement, à la fois près de son bord externe et de son bord interne. Elle donne naissance à une couche continue de parenchyme secondaire vers l'intérieur, et à un manchon de cellules subéreuses vers l'extérieur. Le liège se développe en direction *centripète*, le plus souvent même *centripète simple*.

La segmentation de l'assise péricambiale est concomitante de la production du bois et du liber secondaires. Il est rare qu'elle lui soit antérieure (*Aralia spinosa*), ou postérieure (*Viburnum opulus*). En tout cas, on peut dire qu'elle commence à peu près au même moment, et se poursuit pendant tout le temps que la racine organise des vaisseaux secondaires. C'est ce cloisonnement de l'assise péricambiale qui détermine la chute de l'écorce primaire.

En général, cette écorce ne s'exfolie qu'après avoir subi une modification particulière dans la composition chimique de ses cellules. Les réactions que j'ai obtenues m'ont conduit à considérer comme une *subérification* chimique la transformation qui s'opère dans l'écorce peu de temps avant sa chute. Cette subérification commence par les parties périphériques, et se poursuit en direction centripète jusqu'à la membrane protectrice. Cet endoderme, un peu épaissi et subérifié, reste quelque temps encore accolé au liège issu de la membrane péricambiale; puis il finit par s'exfolier, ainsi que les premières assises subéreuses qu'il recouvre.

Néanmoins, l'épaisseur du manchon subéreux, à partir d'une certaine limite, reste à peu près constante, le liège se régénérant par son assise interne.

La division dans le sens radial est la seule que j'aie observée dans la membrane protectrice chez les plantes considérées ici.

M. Jörgensen (1) a pu déterminer les points de départ du liège chez quelques-uns de ces végétaux, par exemple le *Fraxinus excelsior*. Ce sont, d'après lui, les cellules de l'assise rhizogène situées en regard des faisceaux libériens primaires. J'ai vérifié cette observation et j'en ai reconnu la justesse; j'ai constaté que la position de ces initiales est la même chez les *Ligustrum ovalifolium*, le *L. japonicum*, le *Sambucus pubescens*, le *Sequoia sempervirens*, et plusieurs plantes, soit dicotylédones, soit gymnospermes. Mais dans le plus grand nombre des cas il m'a été impossible de saisir les premières divisions tangentielles de l'assise péricambiale localisées en quelques points fixes de cette assise. Je crois que, d'une façon générale, on peut dire qu'elle se cloisonne à peu près simultanément dans toute son étendue, bien que, dans certains cas, le parenchyme tégumentaire secondaire et le liège qu'elle engendre tendent plutôt à se produire d'abord en regard, l'un du bois primaire, l'autre du liber primaire.

La forme des cellules subéreuses dérivées de l'assise péricambiale est le plus souvent tabulaire; leurs parois tangentielles sont généralement très longues par rapport à leurs parois radiales; celles-ci même sont parfois tellement courtes que les parois tangentielles, surtout dans la région externe du liège, paraissent étroitement accolées.

(1) Jörgensen, *loc. cit.*

Dans les tiges, au contraire, les cellules subéreuses sont, d'après les observations de MM. Sanio et Rauwenhoff, bien plus souvent cubiques que tabulaires. Elles sont généralement plus petites que dans les racines, ainsi que M. Jörgensen en a fait la remarque pour quelques espèces. C'est néanmoins le contraire qui a lieu chez le *Quercus suber*.

Le système tégumentaire présente, en outre, des différences considérables chez les végétaux de ce groupe, suivant qu'on l'étudie dans la racine ou dans la tige. Souvent, en effet, la tige conserve son écorce primaire pendant très longtemps, et l'assise épidermique elle-même, ou plus fréquemment la première assise sous-épidermique, organise du liège en se divisant très régulièrement en direction tangentielle; et ce n'est que lorsque la tige a atteint un très fort diamètre transversal que les formations subéreuses sont plus profondes.

V. *Éléments subéreux dérivés de l'écorce primaire.* — Les éléments subéreux procèdent de l'écorce primaire dans la racine des Cryptogames, des Monocotylédones et des Dicotylédones *ligneuses* dont le système vasculaire secondaire est très-tardif.

Je dois cependant faire remarquer que chez ces dernières plantes il peut arriver que les cellules des deux ou trois assises centrifuges issues de la membrane péricambiale se sclérifient (ex : *Ruyschia souroubea*). Mais quant aux tissus subéreux proprement dits, c'est uniquement dans l'écorce primaire qu'ils se développent chez ces végétaux, comme chez les Monocotylédones (1) et les Cryptogames vasculaires.

Je n'ai rencontré le subéroïde que chez les Monocotylédones. J'ai désigné sous ce nom un tissu qui a la même nature chimique que le suber, mais dont les éléments sont des prismes à section transversale hexagonale, qui dérivent les uns des autres par voie de cloisonnement tangentiel fréquemment interrompu par des divisions radiales ou obliques. Ce tissu se forme au-dessous de l'assise pilifère. Le sens suivant lequel

(1) Je rappelle à propos des Monocotylédones la réserve que j'ai faite relativement aux Dracœna.

il se produit varie suivant les espèces. En général, il est très précoce. Sur les coupes transversales, ses éléments constituent des files radiales qui, considérées dans la direction du grand axe du membre, décrivent chacune une spire continue. Ainsi *le manchon que le subéroïde forme autour du parenchyme cortical des racines est comparable à la paroi d'un cylindre creux qui aurait été fortement tordu.*

J'ai décrit ce tissu chez plusieurs végétaux appartenant aux familles des Asparaginées, Liliacées, Palmiers, Pandanées, Musacées et Typhacées.

Chez les Monocotylédones, l'assise génératrice du liège, du périderme et du subéroïde est généralement la plus extérieure des assises parenchymateuses dont les parois sont restées minces et cellulosiques. C'est le plus souvent la membrane épidermoïdale, lorsqu'elle n'est pas destinée à jouer le rôle d'épiderme pour suppléer la membrane pilifère exfoliée. Dans les racines pourvues d'un voile, c'est la première assise recouverte par la membrane épidermoïdale qui se divise pour engendrer les cellules subéreuses, quand il s'en forme, à moins cependant qu'elle soit elle-même cutinisée. Je n'ai jamais vu les cellules subéreuses procéder de la membrane pilifère.

La forme cubique est, dans la plupart des cas, celle des cellules subéreuses de la racine des Monocotylédones Lorsque le liège est entremêlé de périderme, ses cellules sont tabulaires.

Le sens le plus fréquent de la formation subéreuse chez les Monocotylédones est le mode que j'ai appelé *centripète irrégulier* et qui est une combinaison du mode centripète simple et du mode centripète intermédiaire de M. Sanio.

J'ai reconnu les mêmes caractères au liège qui se forme dans le parenchyme cortical des Dicotylédones ligneuses chez lesquelles le système vasculaire secondaire est très tardif.

Il résulte aussi de mes observations que le *niveau* auquel se forme le liège cortical varie suivant l'*espèce* à laquelle la racine appartient, le *milieu* où elle vit, et surtout le *diamètre transversal* du membre.

J'ai mis en évidence l'influence de l'espèce, en comparant entre elles des racines souterraines de même grosseur appartenant à des espèces différentes. Et j'ai répété l'observation sur des racines *aériennes*.

J'ai découvert l'influence du diamètre transversal de la racine sur la formation du liège chez les *Monocotylédones*, en examinant d'une façon comparative l'organisation de plusieurs racines de diverses grosseurs appartenant à la même espèce et vivant dans les mêmes conditions. Je me suis livré à cette étude sur un grand nombre d'espèces différentes, et toujours j'ai trouvé le même résultat : si longues soient-elles, les racines grêles ne présentent pas de liège ; elles n'en acquièrent que si leur diamètre transversal augmente ; de sorte qu'une même racine peut présenter deux lièges dont l'un se forme, si la racine est suffisamment épaisse, tout près de la coiffe, et l'autre à une distance quelconque du sommet, lorsque la racine restée longtemps grêle vient à s'épaissir considérablement. L'épaisseur même du manchon subéreux est subordonnée à la grosseur de la racine.

Cette influence du diamètre transversal sur la production du liège dans l'écorce des Monocotylédones explique pourquoi, chez beaucoup de plantes de cet embranchement qui n'ont que des racines grêles, le tégument radical ne présente pas de liège.

VI. Le MILIEU PHYSIQUE exerce une évidente influence sur les productions subéreuses des racines, que celles-ci procèdent de l'écorce ou de la membrane péricambiale.

Chaque fois que parmi les Dicotylédones *ligneuses* à formations vasculaires secondaires tardives j'ai comparé les racines souterraines de la même espèce, c'est sur les premières que j'ai trouvé le liège *plus abondant* et même *plus précoce*.

Quant aux Dicotylédones chez lesquelles le liège dérive de la membrane péricambiale, j'ai plusieurs fois, dans le cours de ce mémoire, attiré l'attention du lecteur sur ce fait que la production subéreuse est d'autant plus abondante que la racine est plus exposée à la dénudation. C'est ainsi que chez les plantes *grasses*, qui poussent sur le sable, les pierres et les rochers, le manchon de liège est de beaucoup plus épais que chez les végétaux dont les racines s'enfoncent profondément en terre. Chez les Caliciflores, j'ai trouvé le maximum d'épaisseur chez les Crassulacées et les Cactées. Or, on sait que les racines de nos Crassulacées indigènes, sur lesquelles mes observations ont porté, les *Sempervivum* et différentes espèces de *Sedum*, sont soumises à de fréquentes dénudations, de sorte qu'il leur arrive de passer brusquement de la chaleur au froid, de l'extrême sécheresse à l'extrême humidité, et inversement. La même remarque s'applique avec plus de force encore aux *Cactées*, plantes pour ainsi dire aériennes, dans la racine desquelles j'ai décrit un épais manchon de liège renforcé de *plusieurs couches péridermiques*.

Le rôle physiologique du liège semble donc être de protéger la racine non seulement contre l'exosmose, mais aussi contre les variations climatériques, puisque, plus ce membre y est exposé, plus le liège est abondant. Le liège est en effet un tissu de cicatrisation, comme l'ont montré maintes expériences faites sur les tiges et celles que j'ai instituées sur les racines.

L'appendice et les cinquante microphotographies ajoutés à ce mémoire n'ayant pu prendre place à la fin de ce texte ont été reliés en un volume à part.

EXPLICATION DES PLANCHES.

Abréviations : *e*, épiderme; — *c*, coiffe; — *a. pil.*, assise pilifère; — *p*, poils; — *v*, voile; — *a n° 2*, assise épidermoïdale (la deuxième du tégument); — *par.*, parenchyme; — *end.*, endoderme; — *a. pér.*, assise périphérique du cylindre central; — *scl.*, éléments scléreux; — *pros.*, prosenchyme; — *l.*, liège; — *périd.*, périderme; — *sub*[de], subéroïde; — *lib.*, liber; — *vais. lign.*, vaisseaux ligneux.

PLANCHE 1.

Les figures 1-7 m'ont été communiquées par M. Ch. Flahault.

Fig. 1. *Mirabilis jalapa.* Coupe longitudinale de la radicule embryonnaire.

Fig. 2. *Mirabilis jalapa.* Tigelle et radicule dans l'embryon.

Fig. 3. *Canna indica.* Radicule au début de la germination.

Fig. 4. *Canna indica.* Coupe de la radicule dans la graine mûre.

Fig. 5. *Bougainvillea spectabilis.* Coupe longitudinale de la radicule embryonnaire.

Fig. 6. *Oxybaphus viscosus.* Coupe longitudinale de la radicule et de la tigelle embryonnaires.

Fig. 7. *Mirabilis longiflora.* Coupe longitudinale de la radicule et de la tigelle embryonnaires.

Fig. 8. *Pontederia crassipes.* Coiffe et racine.

Fig. 9 *Philodendron Houlletianum.* Coupe transversale de la racine un peu au-dessous de la base du cône formé par la coiffe.

Fig. 10. *Phœnix Dactilifera.* Coupe axiale de l'extrémité de la racine. (Je dois cette figure à M. Flahault).

Fig. 11. *Pandanus Heterophyllus.* Coiffe dont les assises externes subérifiées s'exfolient.

Fig. 12. *Epidendron crassifolium.* Coupe transversale de la racine loin du sommet.

PLANCHE 2.

Fig. 13. *Scindapsus pertusus.* Coupe transversale d'une racine grêle loin du sommet.

Fig. 14. *Imantophyllum miniatum.* Schéma de la coupe longitudinale de l'extrémité de la racine.

Fig. 15. *Imantophyllum miniatum.* Coupe transversale d'une racine loin du sommet.

Fig. 16. *Imantophyllum miniatum.* Schéma de la coupe transversale à travers la coiffe près du sommet.

Fig. 17. *Agave glauca.* Coupe transversale de la racine loin du sommet.

PLANCHE 3.

Fig. 18. *Vanilla aromatica*. Coupe transversale de la racine très loin du sommet, au niveau où l'assise pilifère commence à s'exfolier. Les cellules épidermidoïdales sont fortement épaissies en fer à cheval et subérifiées.

Fig. 19. *Calla palustris*. Coupe transversale de la racine loin du sommet.

Fig. 20. *Vanilla aromatica*. Coupe transversale de la racine à un niveau supérieur à celui où l'assise pilifère s'exfolie. Toutes les parois des cellules épidermoïdales sont alors épaissaies.

Fig. 21. *Anthurium nitidum*. Coupe transversale de la zone interne de la racine loin du sommet.

Fig. 22. *Scindapsus pertusus*. Coupe transversale d'une grosse racine loin du sommet, au niveau où apparaissent les premières cellules scléreuses de la zone interne du parenchyme cortical.

Fig. 23. *Pontederia crassipes*. Coupe transversale de la racine loin du sommet.

Fig. 24. *Agave glauca*. Coupe transversale de la racine loin du sommet, montrant un épais anneau de cellules scléreuses autour de l'endoderme.

Fig. 25. *Typha latifolia*. Coupe transversale de la racine loin du sommet. L'endoderme se compose de cellules épaissies en fer à cheval et subérifiées. La zone interne du parenchyme cortical offre les caractères normaux; la zone moyenne de grandes lacunes rayonnantes. La subéroïde forme à la périphérie, au-dessous de l'assise pilifère, un manchon continu d'une grande épaisseur.

Fig. 26. *Raphidophora pinnata*. Coupe transversale de la zone interne du parenchyme cortical d'une grosse racine loin du sommet.

PLANCHE 4.

Fig. 27. *Smilax excelsa*. Coupe transversale des cellules endodermiques de la racine loin du sommet.

Fig. 28. *Marsilea quadrifolia*. Coupe transversale de l'endoderme et de l'assise périphérique de la racine.

Fig. 29. *Caryota urens*. Coupe transversale de l'un des faisceaux fibreux du parenchyme cortical de la racine.

Fig. 30. *Equisetum telmateya*. Coupe transversale d'une partie âgée de la racine.

Fig. 31. *Marsilea quadrifolia*. Coupe transversale d'une partie âgée de la racine.

Fig. 32. *Lilium superbum*. Coupe transversale de la racine loin du sommet.

Fig. 33. *Equisetum telmateya*. Coupe transversale de la racine.

Fig. 34. *Smilax excelsa*. Coupe transversale de la racine près du sommet, avant l'apparition des premiers vaisseaux du cylindre central.

Fig. 35. *Philodendron Houlletianum*. Coupe transversale de l'assise périphérique du cylindre central et de l'endoderme de la racine.

Fig. 36. *Smilax sarsaparilla*. Coupe transversale de l'endoderme de la racine très loin du sommet.

Fig. 37. *Caryota urens*. Coupe transversale de l'assise périphérique et de l'endoderme de la racine loin du sommet.

Fig. 38. *Oporanthus luteus*. Coupe transversale du cylindre central et de l'endoderme de la racine loin du sommet.

PLANCHE 5.

Fig. 39. *Marsilea quadrifolia*. Coupe transversale d'une partie jeune de la racine.

Fig. 40. *Iris squaleus*. Coupe transversale de la périphérie de la racine.

Fig. 41. *Iris germanica*. Coupe transversale du cylindre central et de l'endoderme de la racine.

Fig. 42. *Asphodelus europæus*. Coupe transversale d'une radicelle.

Fig. 43. *Iris germanica*. Coupe transversale du liège de la racine.

Fig. 44. *Monstera repens*. Coupe transversale de l'assise pilifère, de l'assise épidermoïdale génératrice de liège dans la racine.

Fig. 45. *Phalangium humile*. Coupe transversale du cylindre central et de la zone interne du parenchyme cortical d'une partie âgée de la racine.

Fig. 46. *Asphodelus europæus*. Coupe transversale du liège centripète irrégulier du tubercule radical.

Fig. 47. *Philodendron Houlletianum*. Coupe transversale des cellules scléreuses et du liège de la racine.

Fig. 48. *Philodendron Houlletianum*. Autre aspect du liège dans la racine.

Fig. 49. *Asphodelus europæus*. Coupe transversale du liège centripète intermédiaire du tubercule de la racine.

PLANCHE 6.

Fig. 50. *Imantophyllum miniatum*. Coupe transversale du voile, de l'assise épidermoïdale et du liège d'une grosse racine dans sa partie *aérienne*.

Fig. 51. *Scindapsus pertusus*. Coupe transversale du liège et du périderme d'une *grosse* racine *aérienne* loin du sommet.

Fig. 52. *Asparagus officinalis*. Coupe transversale du subéroïde de la racine.

Fig. 53. *Strelitzia augusta*. Coupe transversale d'un renflement du subéroïde de la racine.

Fig. 54. *Pandanus stenophyllus*. Coupe transversale de l'appareil tégumentaire de la racine.

Fig. 55. *Dracæna Draco*. Coupe transversale du subéroïde de la racine.

Fig. 56. *Taxus Baccata*. Coupe transversale de l'assise périphérique du cylindre central et de l'endoderme de la racine.

Fig. 57. *Sequoia sempervirens*. Coupe transversale de l'endoderme et de la zone interne du parenchyme cortical de la racine.

Fig. 58. *Pinus halepensis*. Coupe transversale du liège de la racine.

Fig. 59. *Raphidophora pinnata*. Coupe transversale de l'assise pilifère et du liège de la racine.

PLANCHE 7.

Fig. 60. *Fraxinus excelsior.* Coupe transversale de la racine à la fin de l'organisation primaire.
Fig. 61. *Fraxinus excelsior.* Coupe transversale d'une jeune tige.
Fig. 62. *Pelargonium zonale.* Coupe transversale du liège de la tige.
Fig. 63. *Villarsia nymphoides.* Coupe transversale de la racine.
Fig. 64. *Ligustrum ovalifolium.* Coupe transversale de la racine.
Fig. 65. *Ligustrum ovalifolium.* Coupe transversale de la racine.
Fig. 66. *Faba vulgaris.* Coupe transversale de la zone externe du parenchyme cortical lors de l'organisation secondaire du cylindre central.
Fig. 67. *Fraxinus excelsior.* Coupe transversale de la racine pendant la période secondaire.
Fig. 68. *Faba vulgaris.* Coupe transversale de la zone interne de l'écorce e du parenchyme tégumentaire secondaire de la racine.
Fig. 69. *Echinops exaltatus.* Coupe transversale de la racine montrant les divisions radiales de l'endoderme et les canaux oléifères.

PLANCHE 8.

Fig. 70. *Faba vulgaris.* Coupe transversale du cylindre central et de l'endoderme de la racine à la fin de la période primaire.
Fig. 71. *Faba vulgaris.* Coupe transversale du cylindre central et de l'endoderme de la racine pendant la période secondaire.
Fig. 72. *Ruyschia souroubea.* Coupe transversale du liège cortical de la racine.
Fig. 73. *Taracum leonidens.* Coupe transversale de la racine.
Fig. 74. *Opuntia glauca.* Coupe transversale du liège et du périderme de la racine.
Fig. 75. *Sambucus pubescens.* Coupe transversale du cylindre central et de l'endoderme de la racine à la fin de la période primaire.
Fig. 76. *Thalictrum lucidum.* Coupe transversale de la racine.
Fig. 77. *Ranunculus sceleratus.* Coupe transversale de la racine loin du sommet.
Fig. 78. *Potentilla anserina.* Coupe transversale du liège de la racine.
Fig. 79. *Archangelica officinalis.* Coupe du liège de la racine.

Vu et approuvé, le 13 novembre 1880 :
Le Doyen de la Faculté des sciences,
MILNE EDWARDS.

Permis d'imprimer :
Le Recteur de l'Académie de Paris,
GRÉARD.

DEUXIÈME THÈSE

PROPOSITIONS DONNÉES PAR LA FACULTÉ.

ZOOLOGIE : 1° Organisation et affinités naturelles de l'Amphyoxus ;
2° Système nerveux des Animaux articulés.

GÉOLOGIE. — Craie supérieure de l'Europe septentrionale (Étages Turonien, Sénonien et Danien); caractères stratigraphiques et paléontologiques.

Vu et approuvé, Paris, le 13 novembre 1880,

Le Doyen de la Faculté des sciences,

MILNE EDWARDS.

Vu et permis d'imprimer, le 13 novembre 1880,

Le Vice-Recteur de l'Académie de Paris,

GRÉARD.

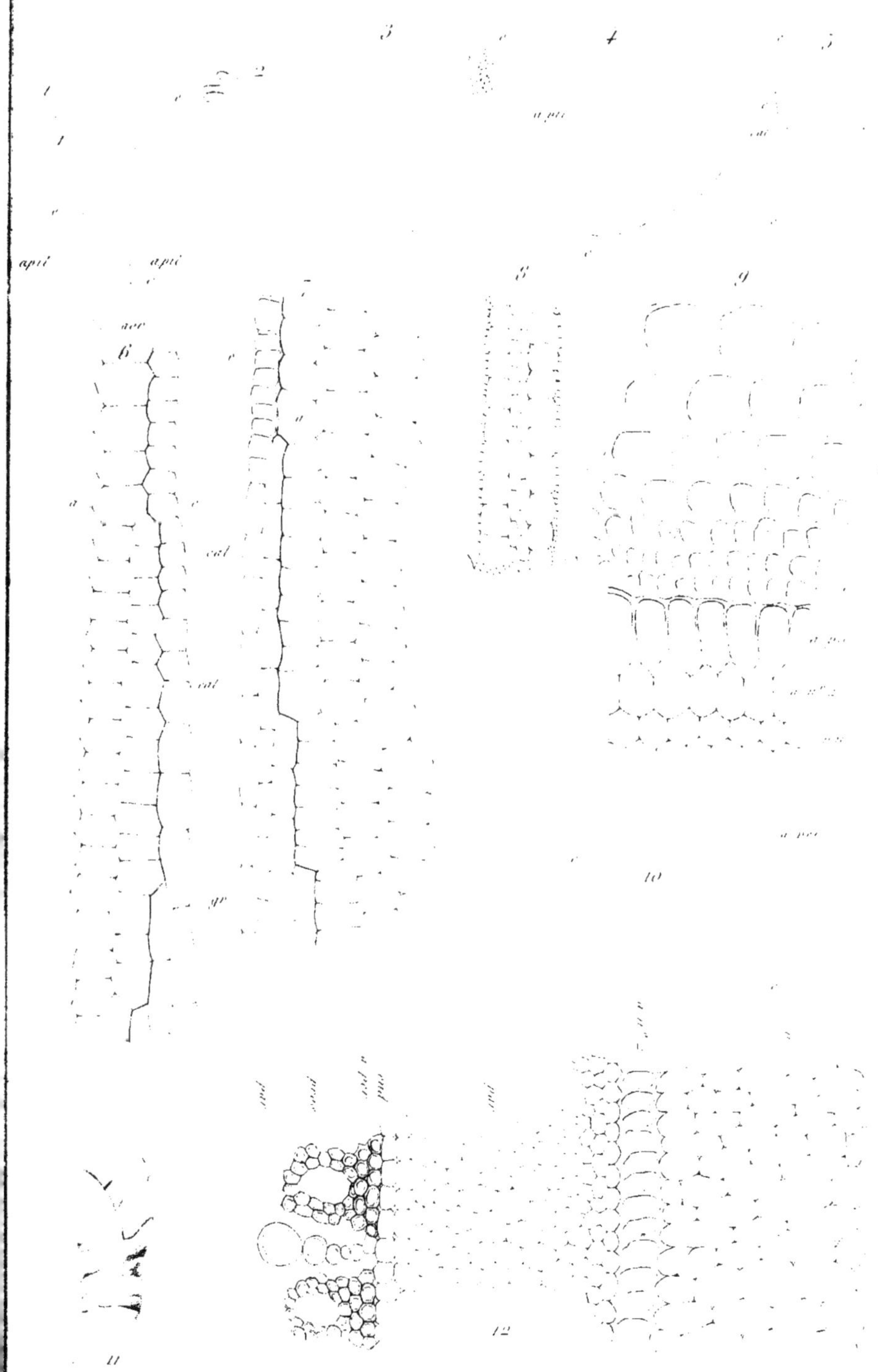

Louis Olivier del. Picart sc.

Appareil tégumentaire des Racines.

Imp. A. Salmon Paris

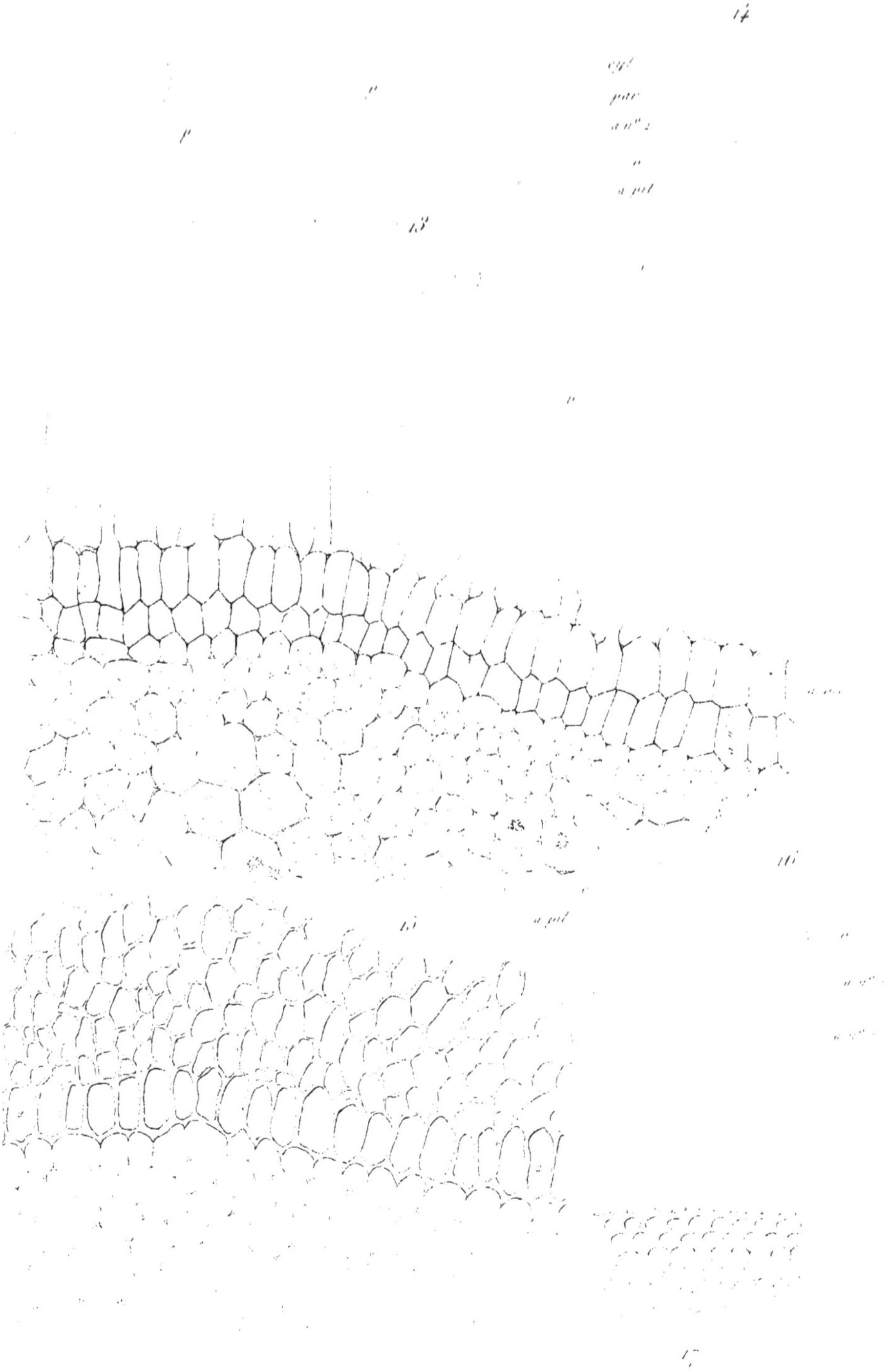

14

13

15

16

17

Louis Olivier del. Pierre sc.

Appareil tégumentaire des Racines

Imp. A. Salmon Paris

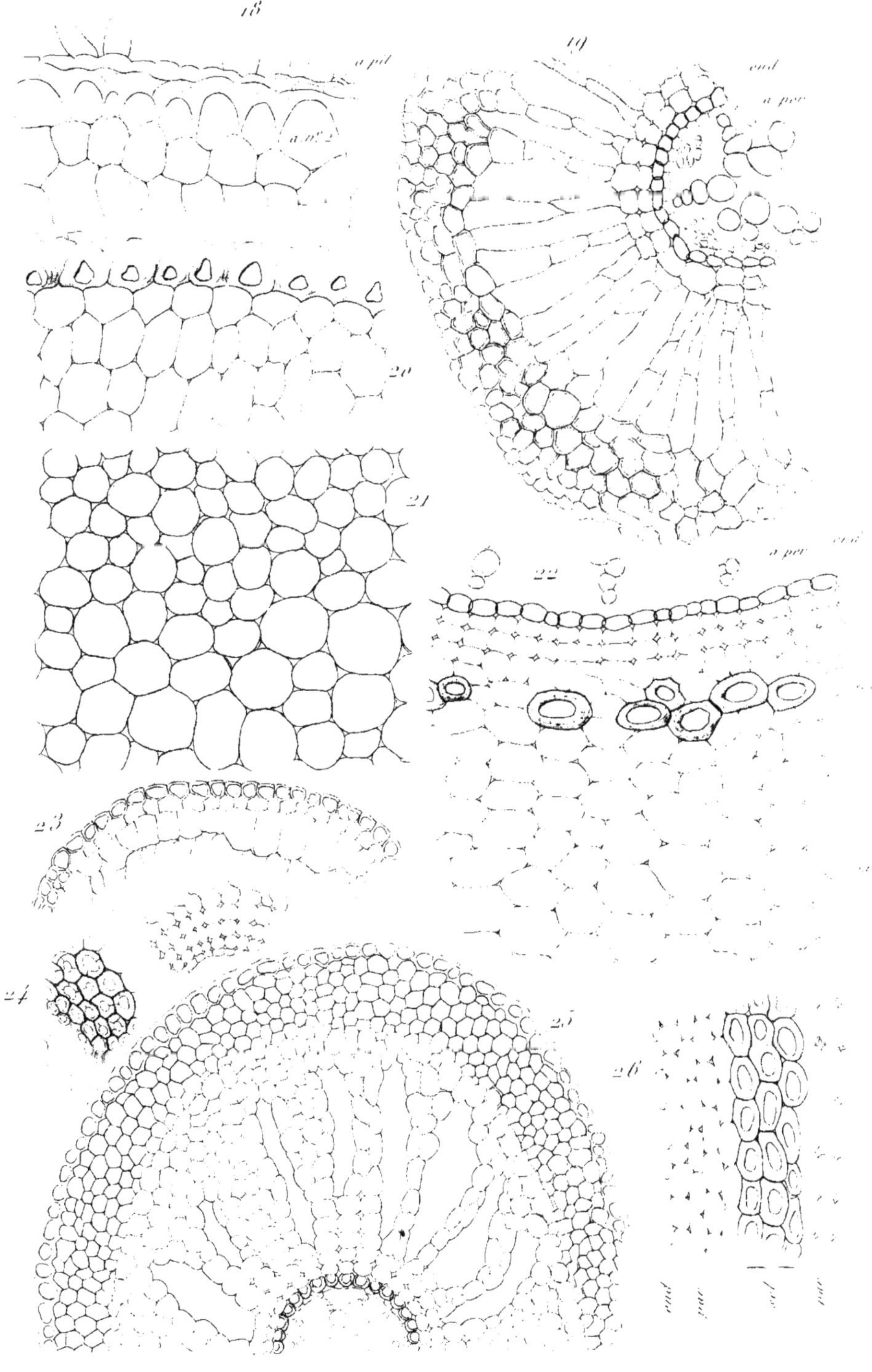

Louis Olivier del.

Pierre sc.

Appareil tégumentaire des Racines.

Imp. A. Salmon Paris

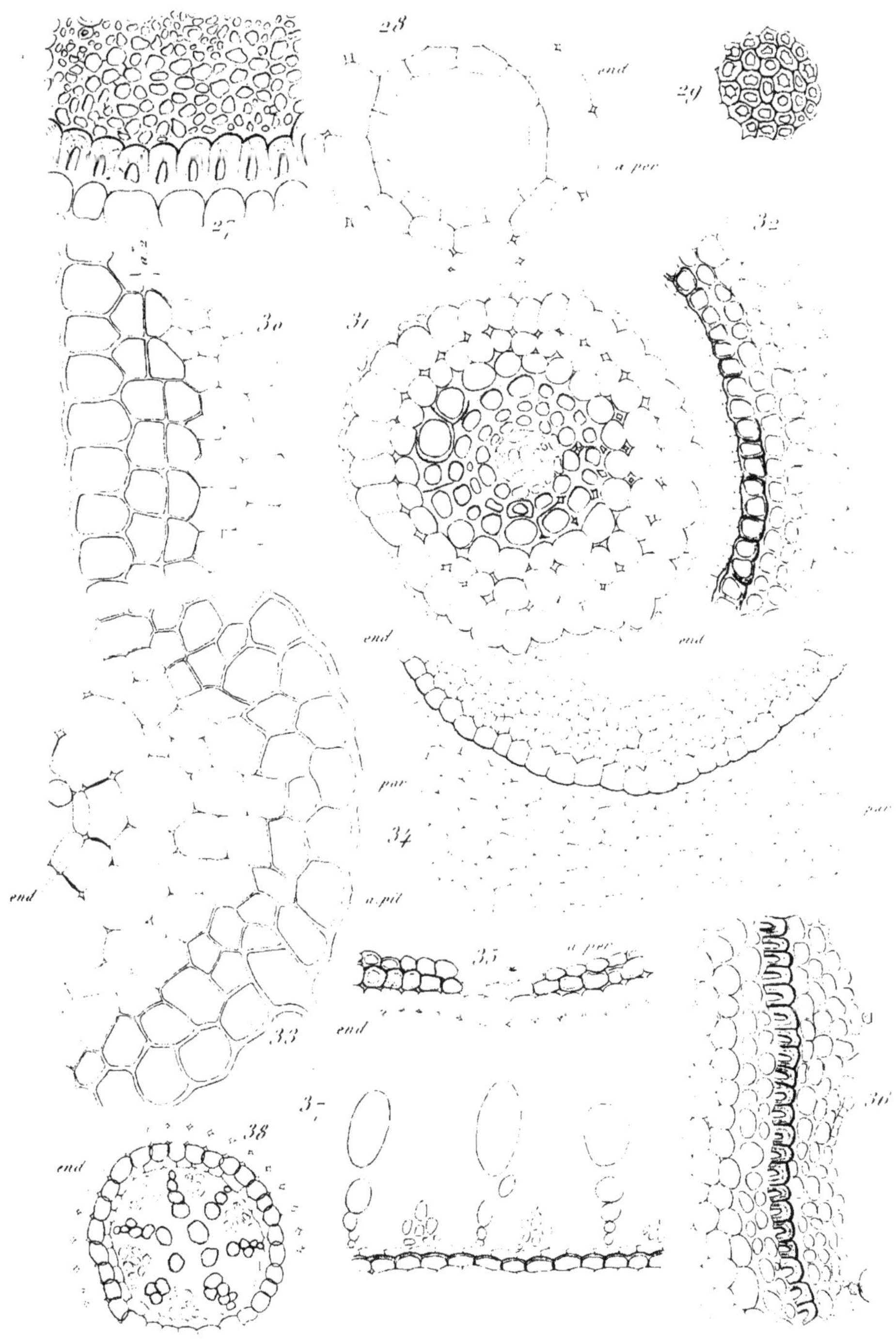

Louis Olivier del. Pierre sc.

Appareil tégumentaire des Racines.

Imp. A. Salmon Paris.

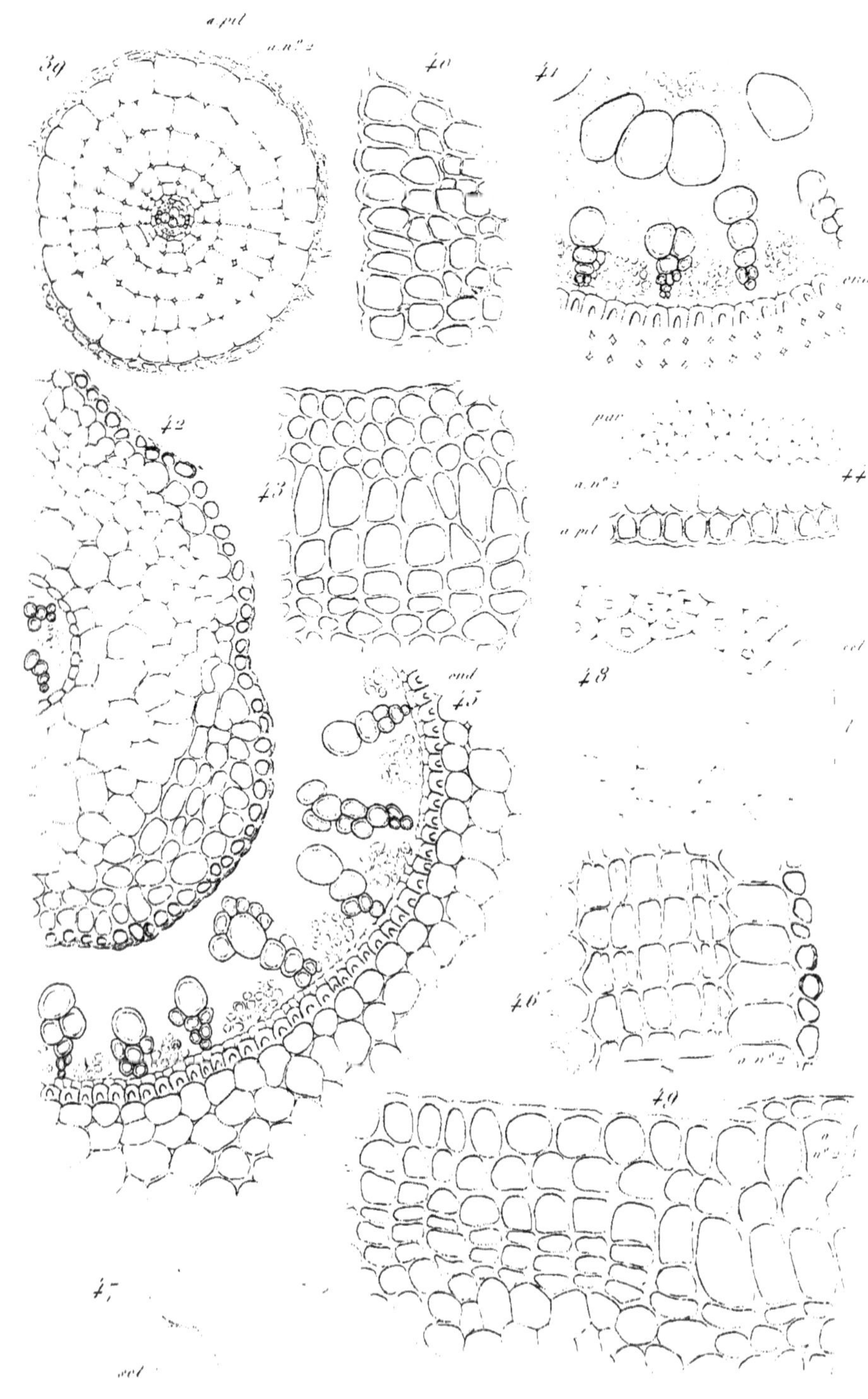

Louis Olivier del. Pierre sc.

Appareil tégumentaire des Racines

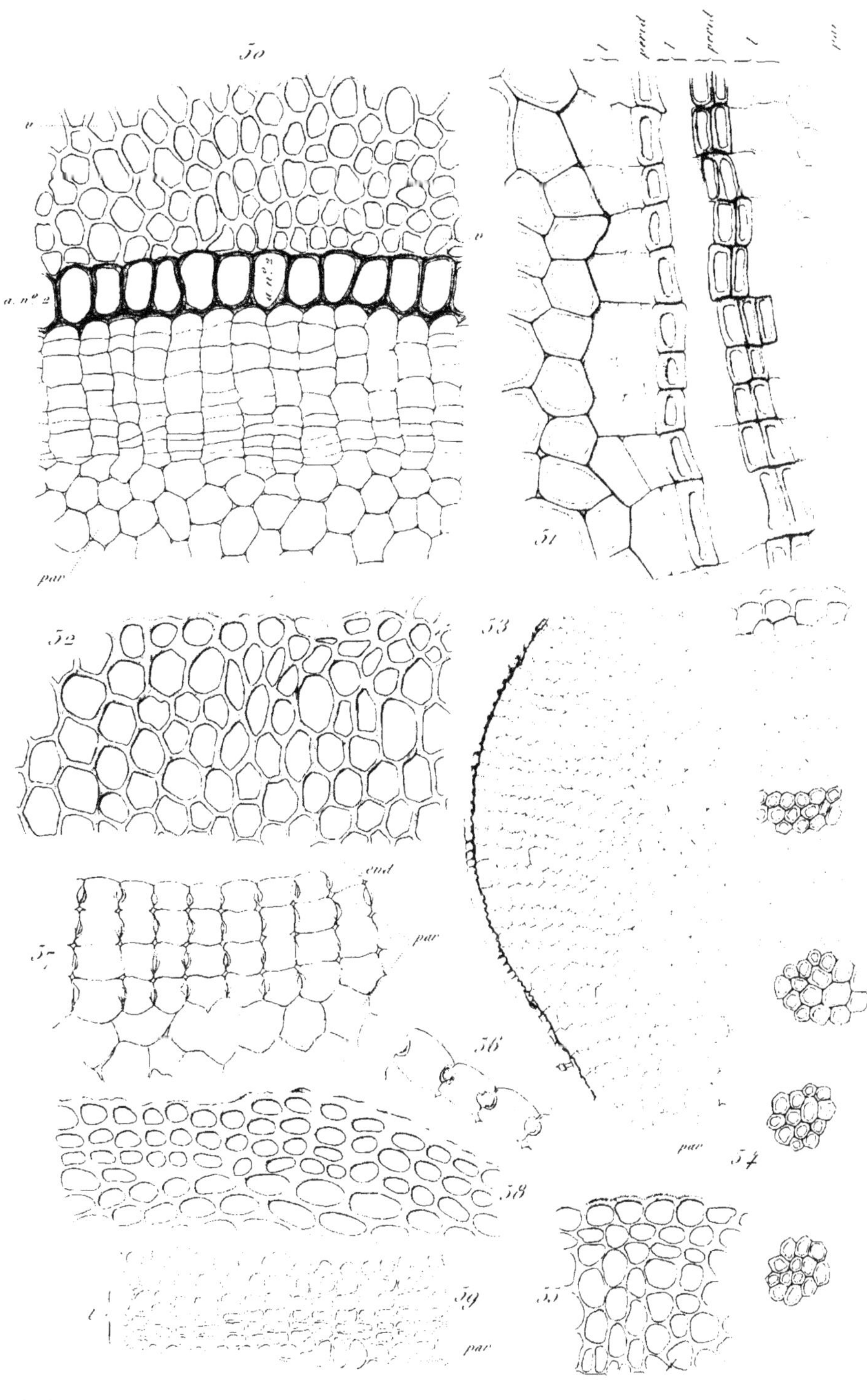

Louis Olivier del. Pierre sc.

Appareil tégumentaire des Racines.

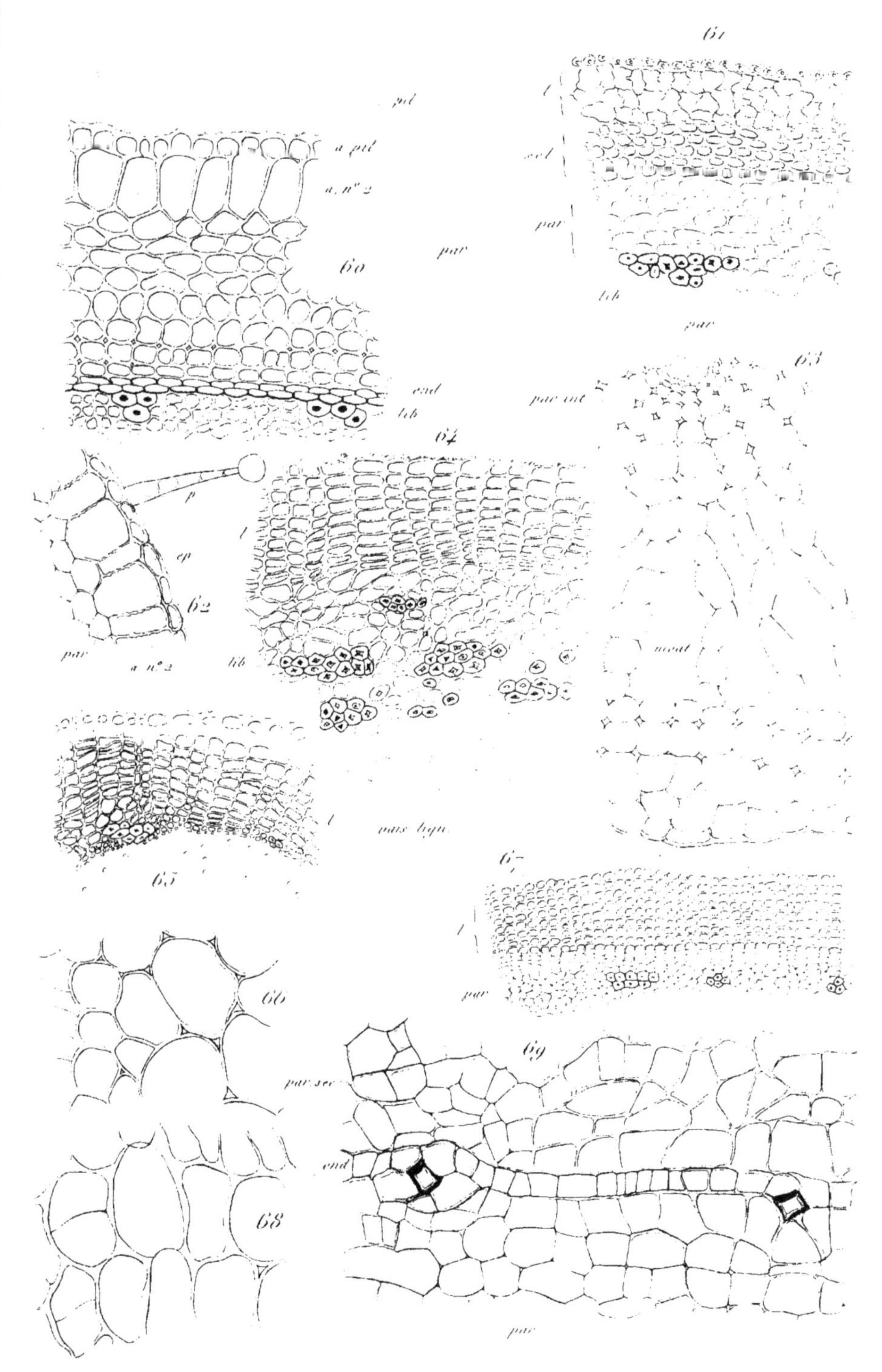

Louis Olivier del. Pierre sc.

Appareil tégumentaire des Racines

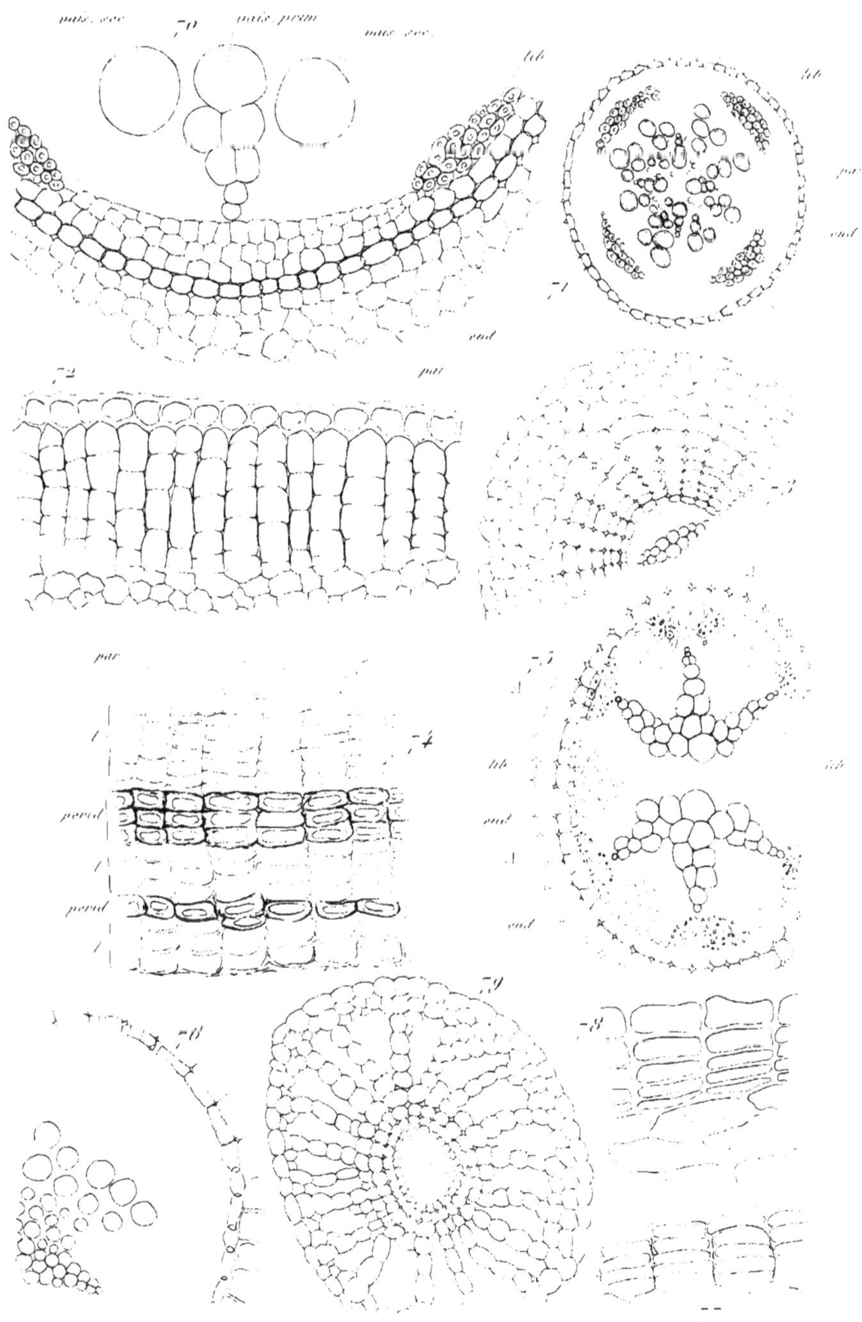

Louis Olivier del. Pierre sc.

Appareil tégumentaire des Racines.

Imp. A. Salmon, Paris.

www.ingramcontent.com/pod-product-compliance
Ingram Content Group UK Ltd.
Pitfield, Milton Keynes, MK11 3LW, UK
UKHW021147260726
13994UKWH00001B/337

9 782329 349466